Thomas Laubis · Wiebke Meyer

Rechnen mit Rico Schnabel 4

Selbstständig das Addieren
und Subtrahieren bis 1 000 000 trainieren

Name: ____________________

Klasse: ________

Mildenberger

Inhaltsverzeichnis

1 Welche großen Zahlen kannst du lesen? Schreibe sie auf.

200 000, ____

____

2 Suche große Zahlen in Zeitungen oder Zeitschriften.
Schneide sie aus und klebe sie ein.

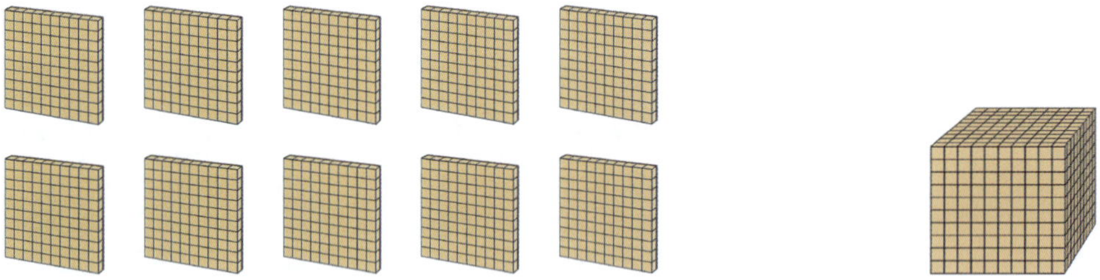

10 H = 1 T = 1 000

1 Kreise immer 10 Hunderter ein.
Schreibe als Hunderter, als Tausender und als Zahl.

a)

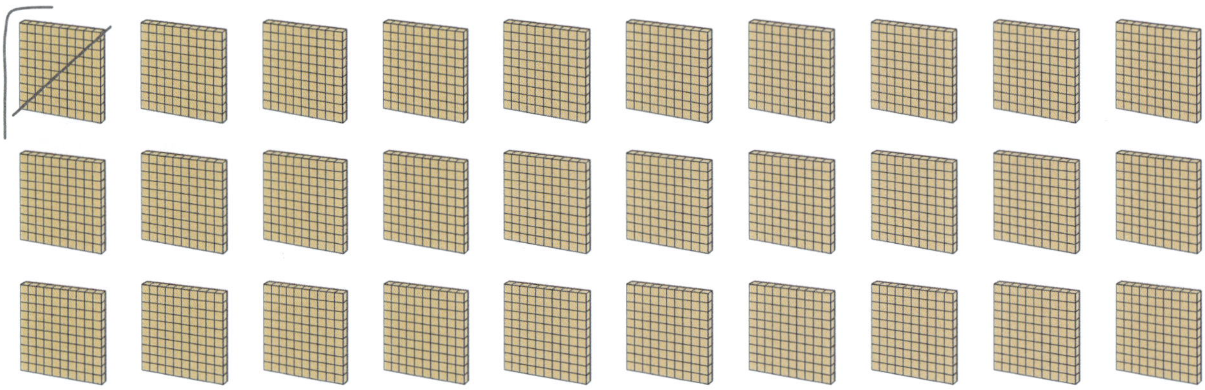

☐ H = ☐ T = ☐

b)

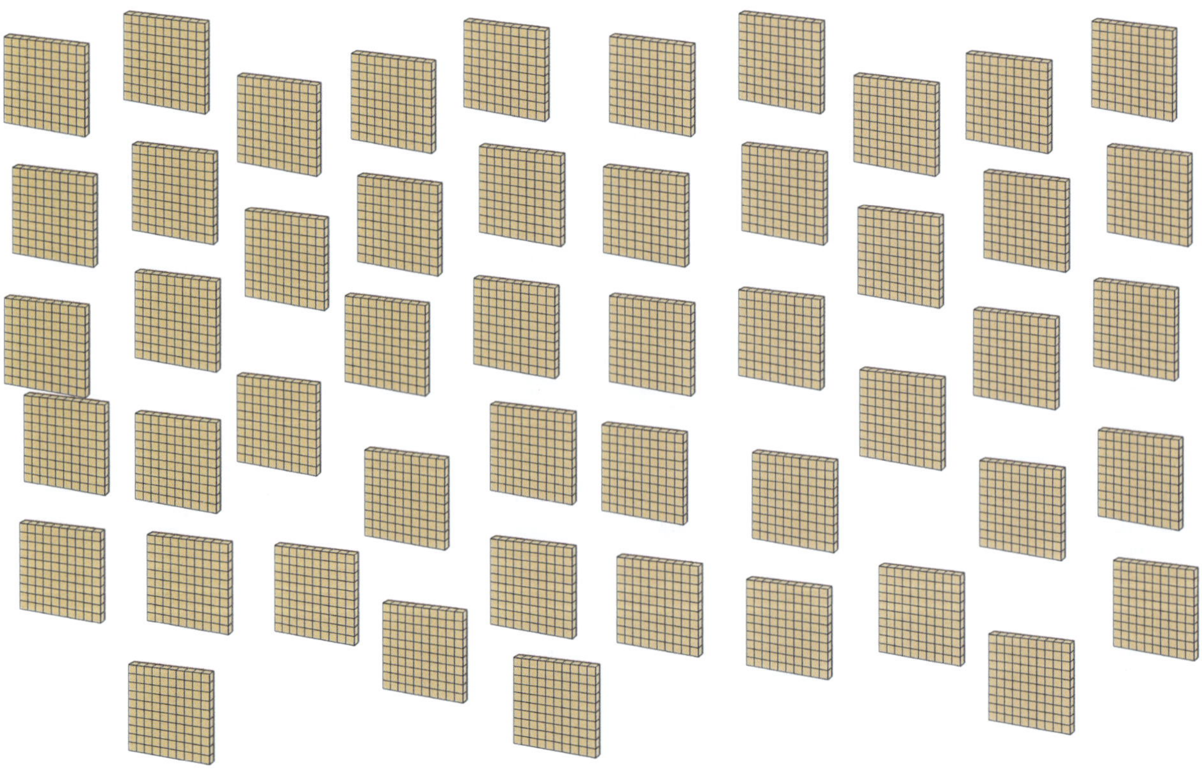

☐ H = ☐ T = ☐

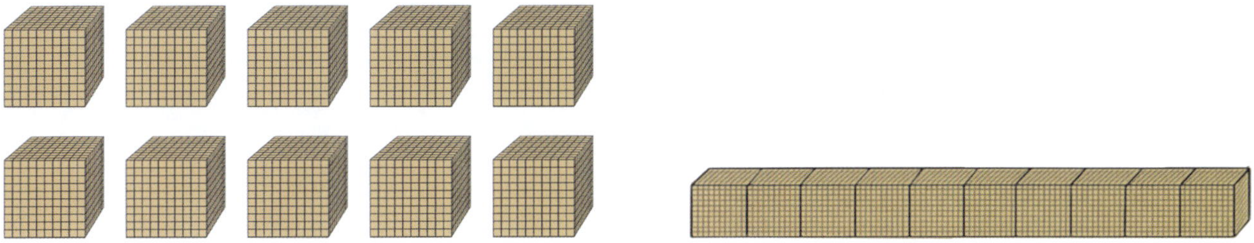

10 T = 1 ZT = 10000

1 Kreise immer 10 Tausender ein.
Schreibe als Tausender, als Zehntausender und als Zahl.

a)

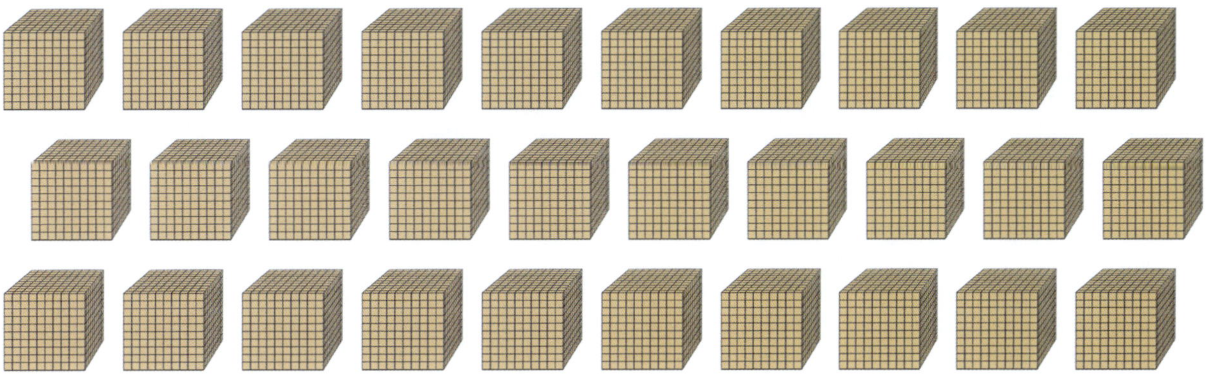

☐ T = ☐ ZT = ☐

b)

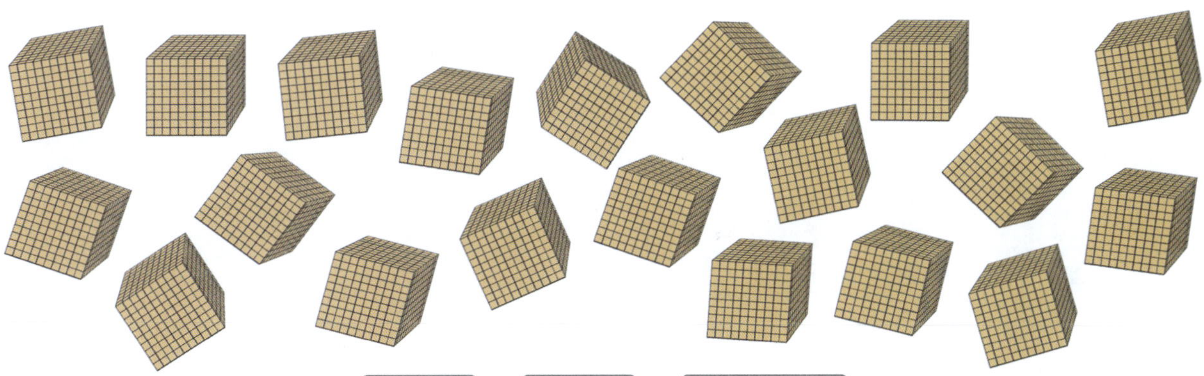

☐ T = ☐ ZT = ☐

2 Ergänze.

a)

50 T	=	5 ZT	=	50 000
40 T	=	ZT	=	
70 T	=	ZT	=	
90 T	=	ZT	=	

b)

T	=	6 ZT	=	
T	=	ZT	=	80 000
30 T	=	ZT	=	
T	=	ZT	=	10 000

1 Zehntausender = 1 ZT = 10 000 1 Tausender = 1 T = 1 000

1 Schreibe mit Stellenwerten, als Additionsaufgabe und als Zahl.

a)
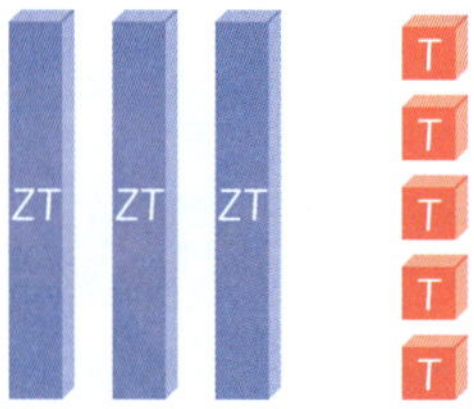

3 ZT 5 T = 30 000 + 5 000 = 35 000

b)
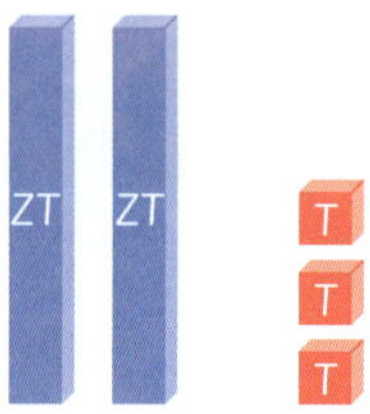

c)
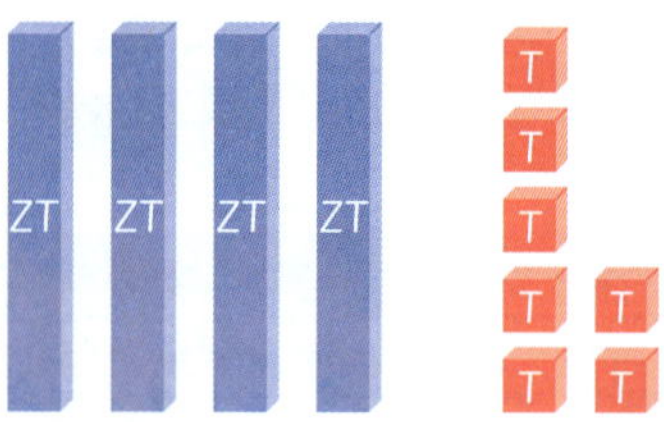

d)
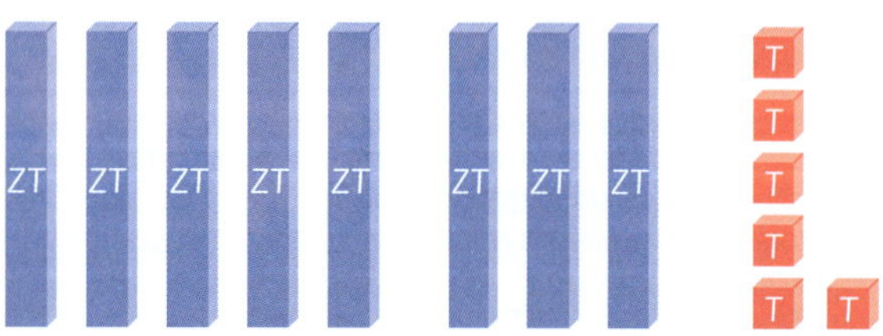

1 Schreibe mit Stellenwerten, als Additionsaufgabe und als Zahl.

a) 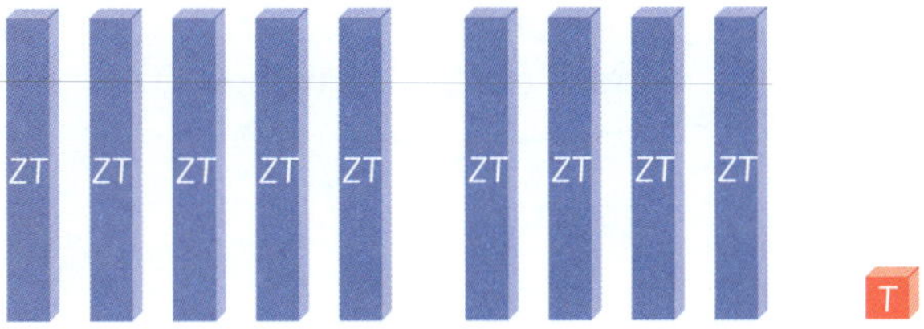

____

b) 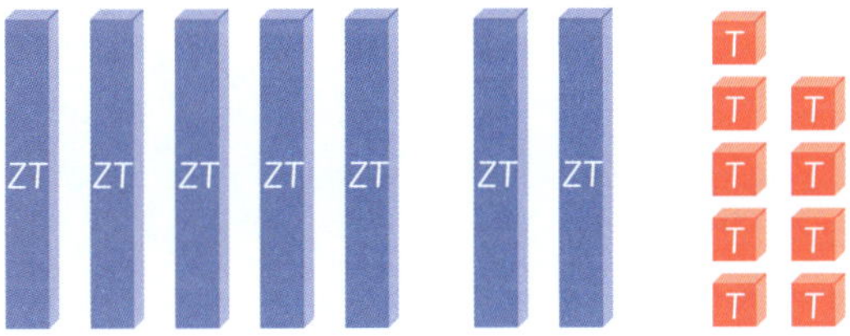

____

c) 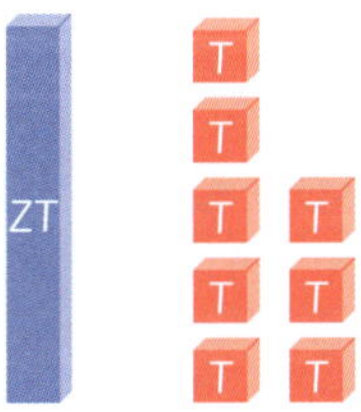

____

d) 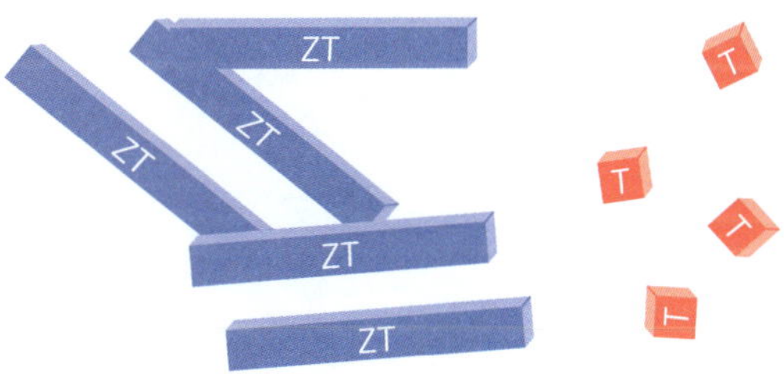

____

e) 

____

1 Schreibe mit allen Stellenwerten (ZT, T, H, Z, E), als Additionsaufgabe und als Zahl.

a)

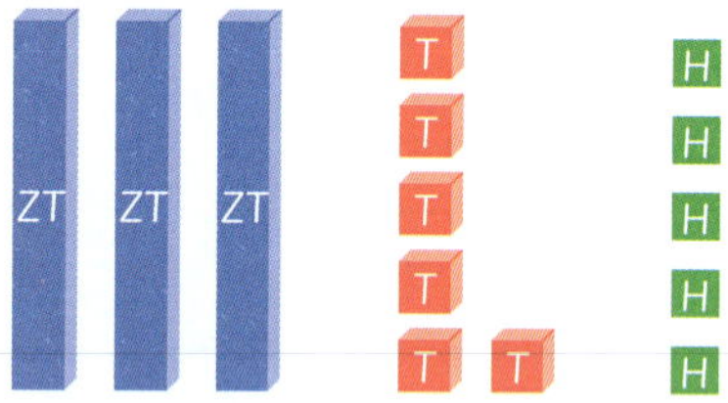

3 ZT 6 T 5 H 0 Z 0 E

= 30 000 + 6 000 + 500 + 0 + 0 = 36 500

b)

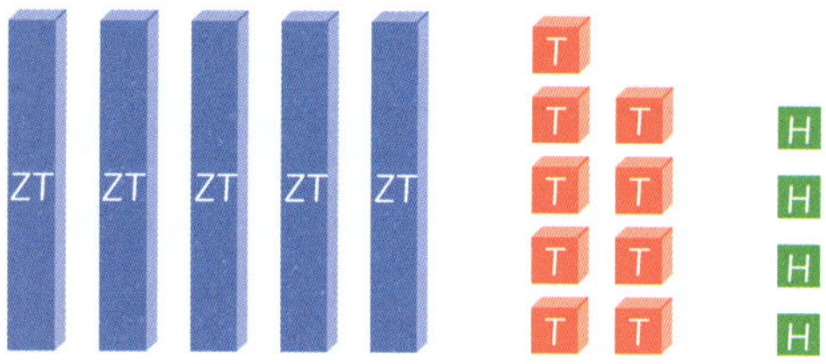

____

= ______________________ = __________

c)

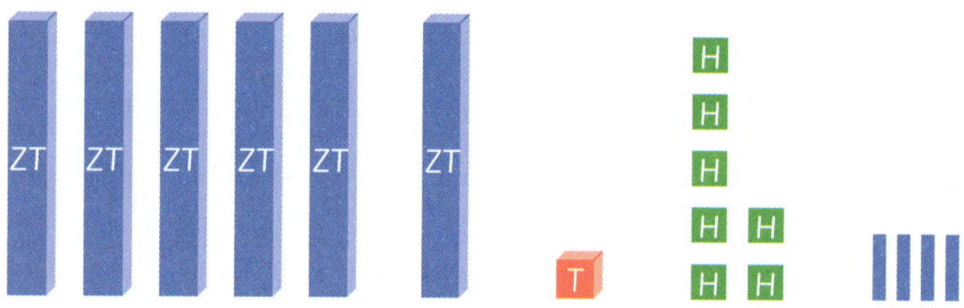

____

= ______________________ = __________

d)

____

= ______________________ = __________

1 Schreibe mit allen Stellenwerten, als Additionsaufgabe und als Zahl.

a) 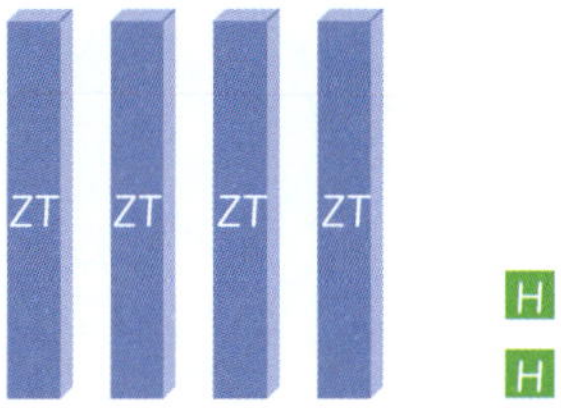

____

= ______________________________ = __________

b) 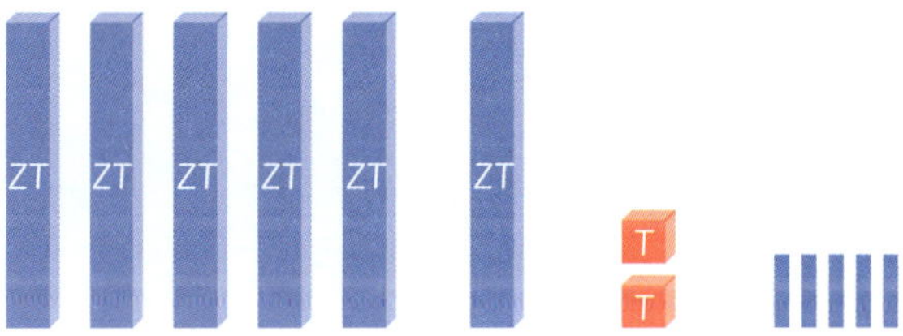

____

= ______________________________ = __________

c) 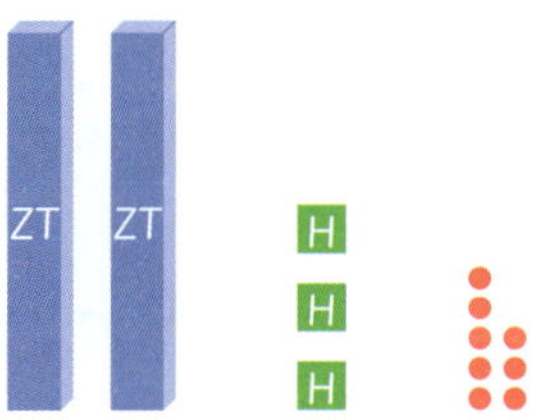

____

= ______________________________ = __________

d) 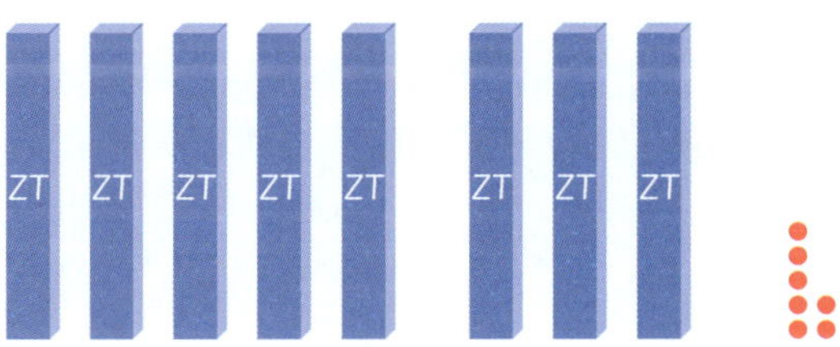

____

= ______________________________ = __________

1 Schreibe als Additionsaufgabe und als Zahl. Achte auf die Nullen am Ende.

a)

HT	ZT	T	H	Z	E
	4	2	5	0	0

40 000 + 2 000 + 500 + 0 + 0 = 42 500

b)

HT	ZT	T	H	Z	E
	5	1	8	7	0

______________________ = __________

c)

HT	ZT	T	H	Z	E
	1	3	6	9	2

______________________ = __________

2 Schreibe als Additionsaufgabe und als Zahl. Achte auf alle Nullen.

a)

HT	ZT	T	H	Z	E
	3	8	0	4	1

30 000 + 8 000 + 0 + 40 + 1 = 38 041

b)

HT	ZT	T	H	Z	E
	6	0	0	7	4

______________________ = __________

c)

HT	ZT	T	H	Z	E
	5	0	2	0	9

______________________ = __________

d)

HT	ZT	T	H	Z	E
	7	0	0	0	6

______________________ = __________

1 Schreibe immer auf zwei andere Arten:

a) als Additionsaufgabe und als Zahl.

7 ZT 4 T 1 H 2 Z 5 E

= ________________________________ = __________

5 ZT 8 T 6 H 1 Z 2 E

= ________________________________ = __________

4 ZT 2 H 8 E

= ________________________________ = __________

1 ZT 9 E

= ________________________________ = __________

b) mit Stellenwerten und als Additionsaufgabe.

32 529 = ________________________________

= ________________________________

17 007 = ________________________________

= ________________________________

40 906 = ________________________________

= ________________________________

80 880 = ________________________________

= ________________________________

c) als Zahl und in die Tabelle.

50 000 + 1 000 + 300 + 80 + 6

= ____________________

HT	ZT	T	H	Z	E

70 000 + 500 + 1

= ____________________

HT	ZT	T	H	Z	E

10 000 + 8 000 + 30

= ____________________

HT	ZT	T	H	Z	E

60 000 + 9 000 + 600 + 9

= ____________________

HT	ZT	T	H	Z	E

1 Schreibe die Zehntausenderzahlen an den Zahlenstrahl.

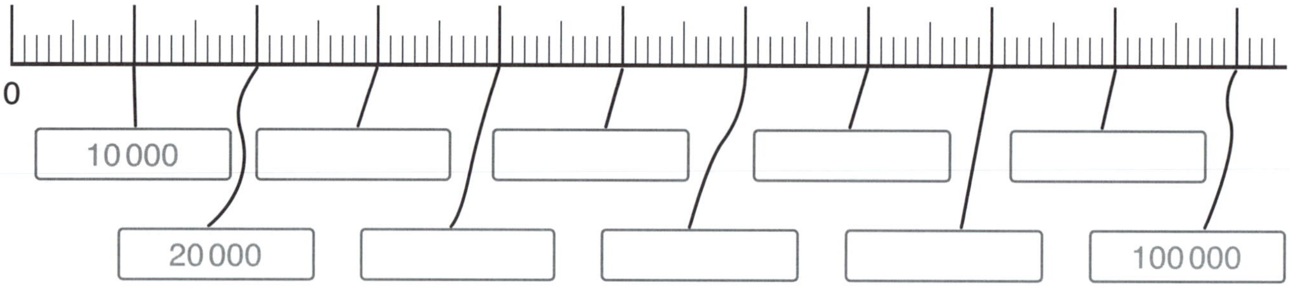

Jeder Strich ist ein 1 000er.

2 Verbinde die Zahlen mit der richtigen Stelle am Zahlenstrahl.

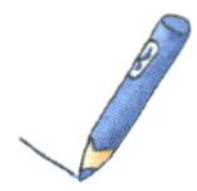

a)

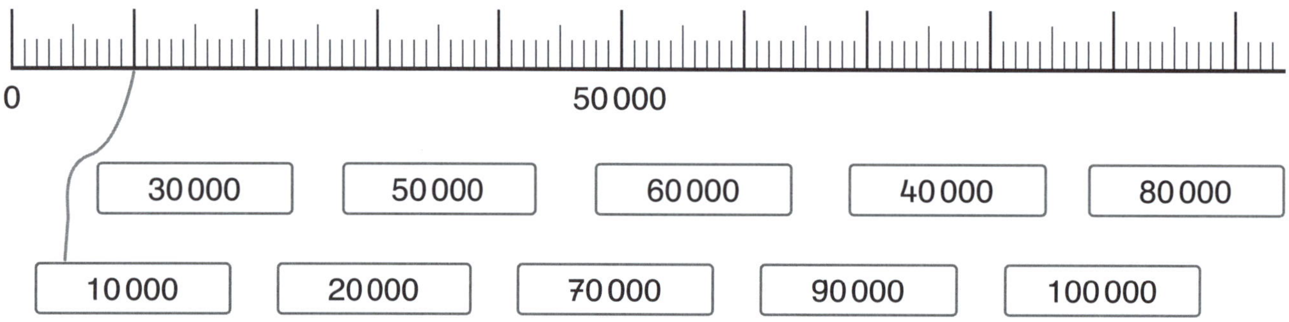

b)

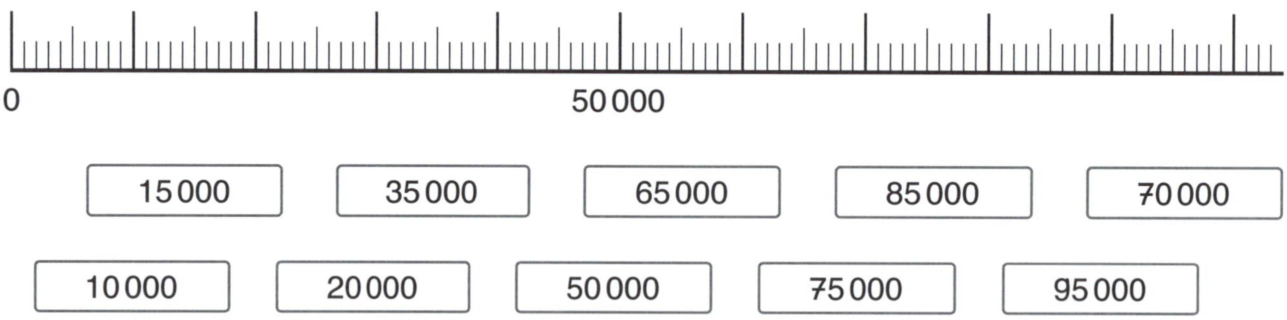

c)

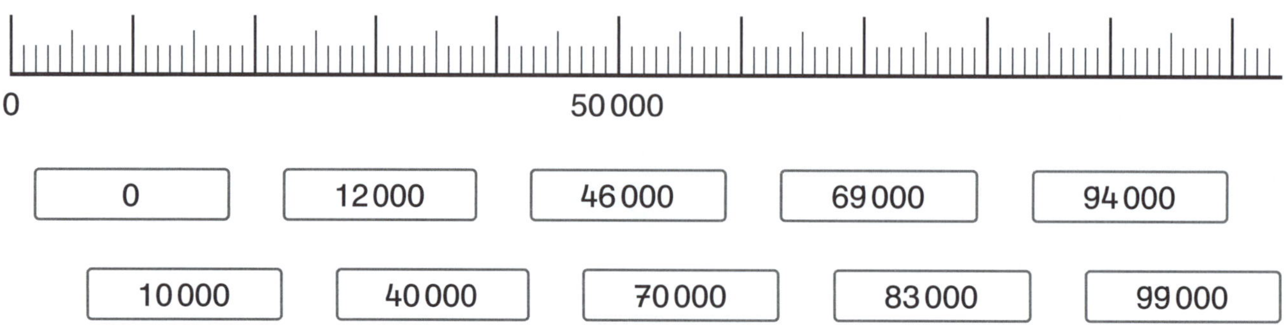

1 Welche Zahlen gehören zu den Buchstaben? Schreibe.

a)

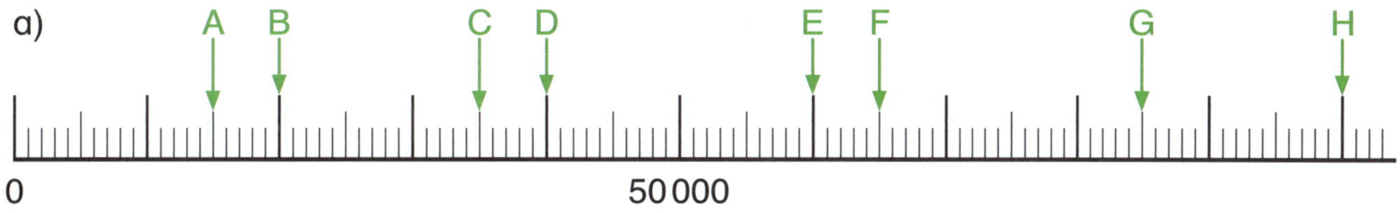

A: 15 000 B: C: D:

E: F: G: H:

b)

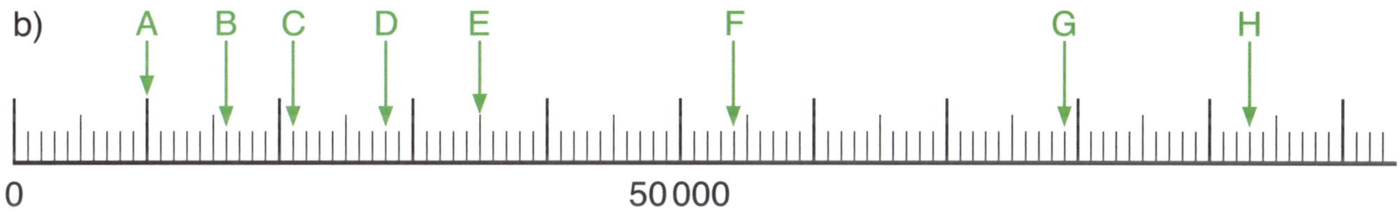

A: B: C: D:

E: F: G: H:

c)

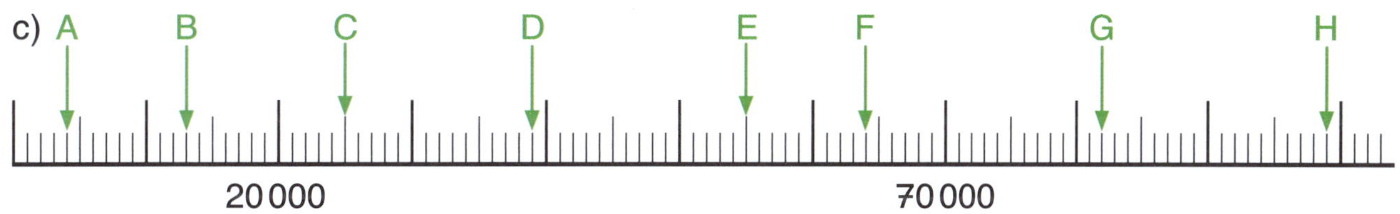

A: B: C: D:

E: F: G: H:

d)

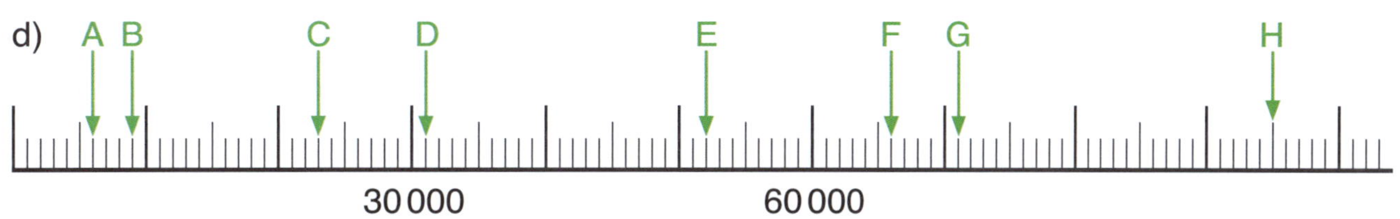

A: B: C: D:

E: F: G: H:

1 Ergänze die fehlenden Tausenderzahlen.

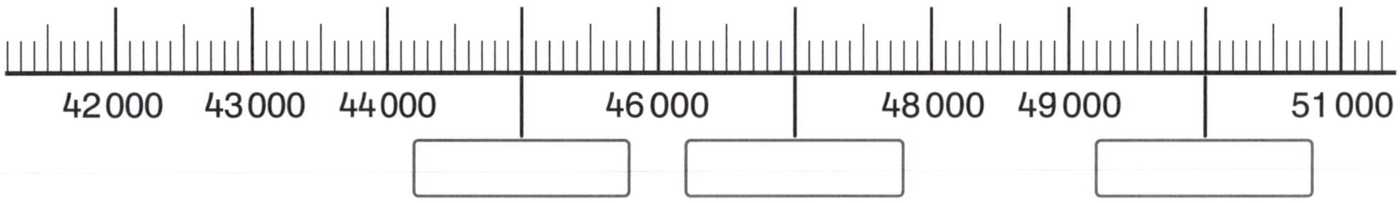

2 Welche Zahlen gehören zu den Buchstaben? Schreibe.

a)

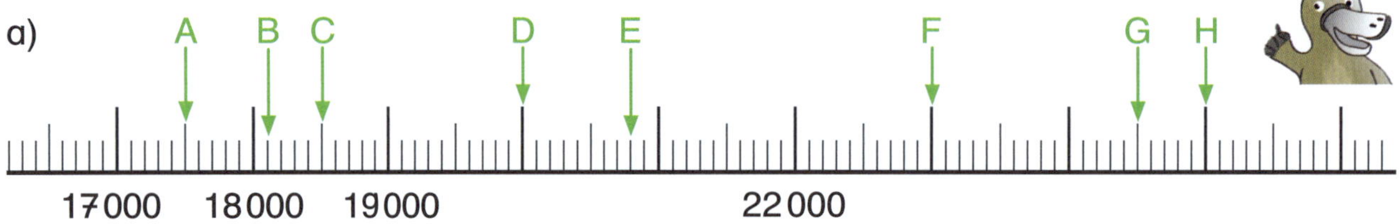

A: 17 500 B: ____ C: ____ D: ____

E: ____ F: ____ G: ____ H: ____

b)

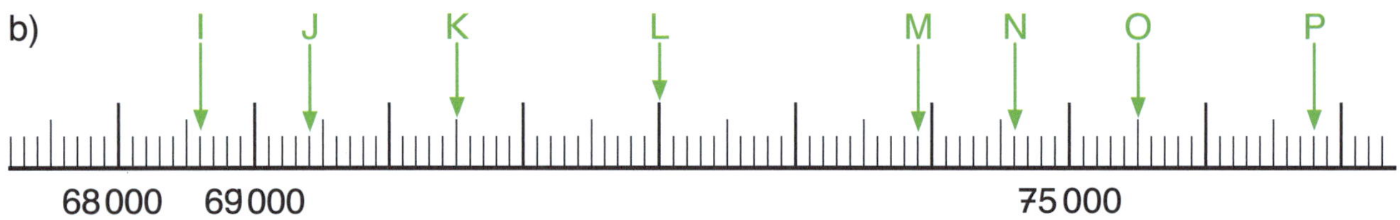

I: ____ J: ____ K: ____ L: ____

M: ____ N: ____ O: ____ P: ____

3 Welche Zahlen sind mit dem Zahlenstrahl falsch verbunden? Streiche sie durch.

a)

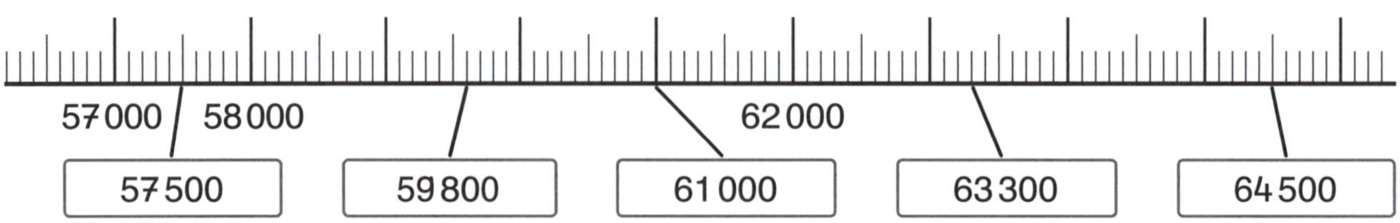

b)

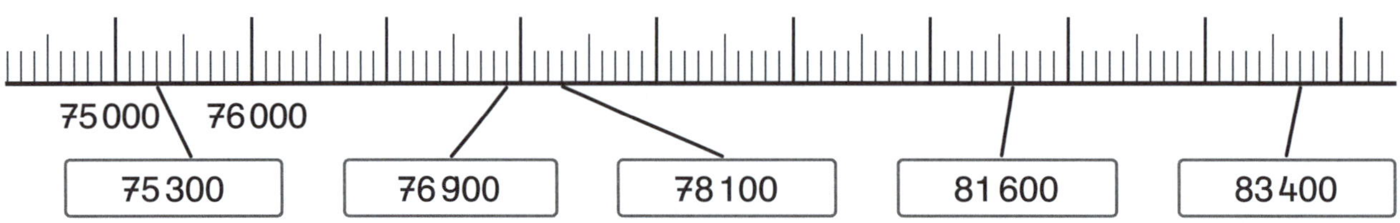

1 Ergänze die fehlenden Hunderterzahlen.

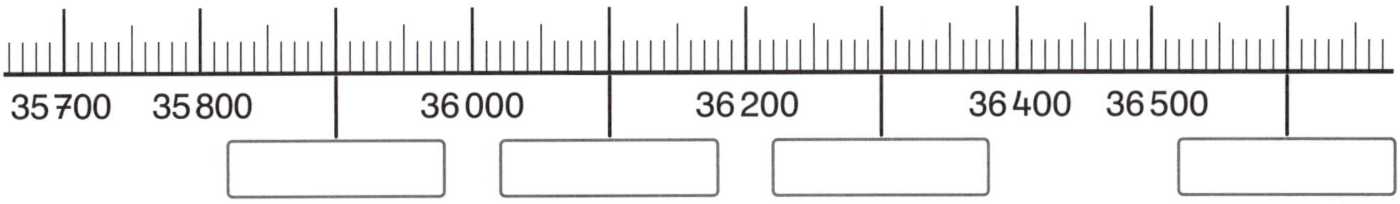

2 Welche Zahlen gehören zu den Buchstaben? Schreibe.

a)

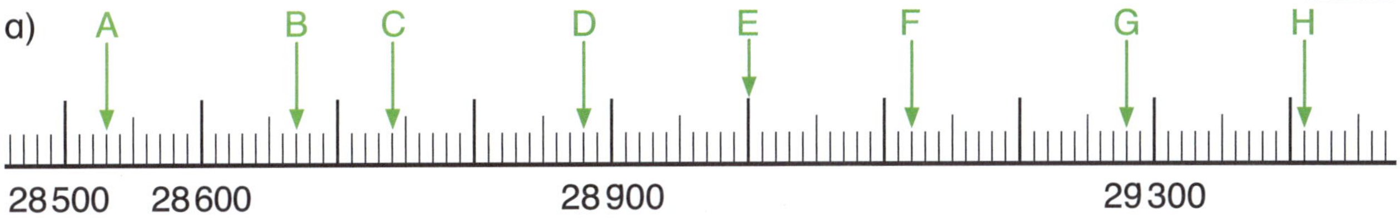

A: 28 530 B: ______ C: ______ D: ______

E: ______ F: ______ G: ______ H: ______

b)

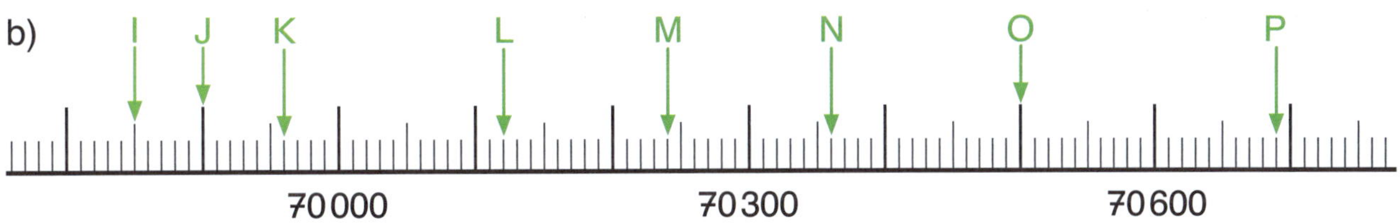

I: ______ J: ______ K: ______ L: ______

M: ______ N: ______ O: ______ P: ______

3 Ergänze die fehlenden Zehnerzahlen.

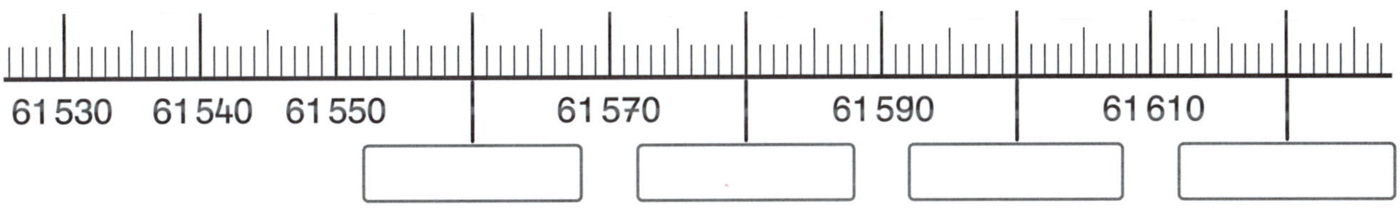

4 Verbinde die Zahlen mit der richtigen Stelle am Zahlenstrahl.

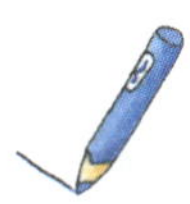

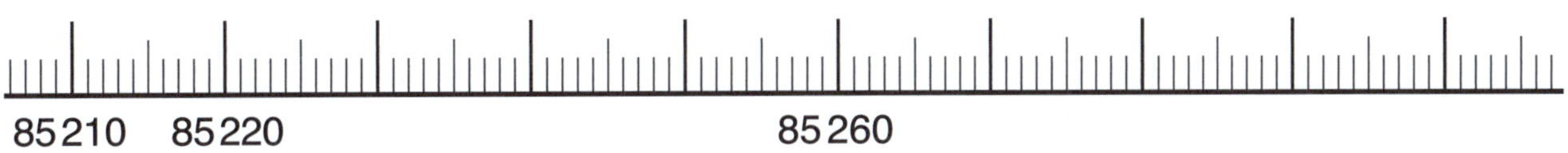

85 215 | 85 231 | 85 256 | 85 270 | 85 284 | 85 301

Nachbarzahlen bis 100 000

1 Schreibe zu jeder Zahl den Vorgänger (V) und den Nachfolger (N) auf.

a)

V	Zahl	N
4783	4784	4785
	9159	
	1270	
	6932	
	4366	

V	Zahl	N
	5048	
	2800	
	7525	
	3491	
	8617	

b)

V	Zahl	N
	20308	
	20666	
	20189	
	20854	
	20291	

V	Zahl	N
	20532	
	20910	
	20475	
	20027	
	20743	

2 Schreibe zu jeder Zahl den Vorgänger (V) und den Nachfolger (N) auf.

V	Zahl	N
	628	
	3075	
	17533	
	28204	
	34710	
	45999	

V	Zahl	N
	50436	
	67182	
	79841	
	82357	
	91065	
	99999	

3 Ergänze die Tabellen mit passenden Zahlen.

V	Zahl	N
		4381
14193		
	29072	
		36921
	41700	
47398		

V	Zahl	N
	55555	
		68630
	72212	
80809		
	93245	
		98701

1 Wohin gehören die Zahlen aus der Tabelle? Zeichne Pfeile an den Zahlenstrahl.
Schreibe dann ihre Nachbartausender (NT) auf.

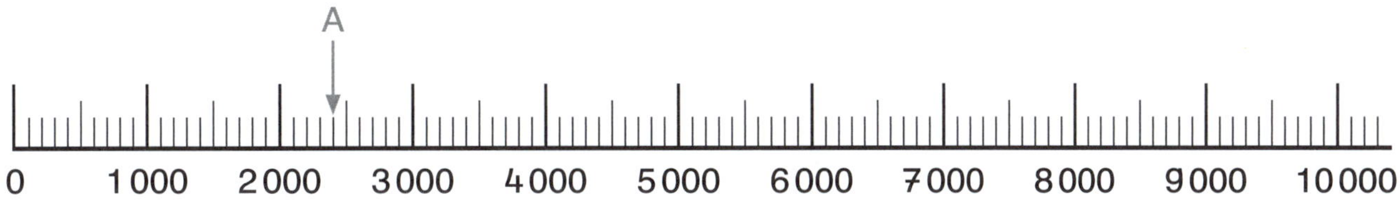

NT	Zahl	NT
2000	A: 2400	3000
	B: 3500	
	C: 4800	

NT	Zahl	NT
	D: 6900	
	E: 7600	
	F: 9100	

2 Schreibe die Nachbartausender (NT) auf. Der Zahlenstrahl hilft dir.

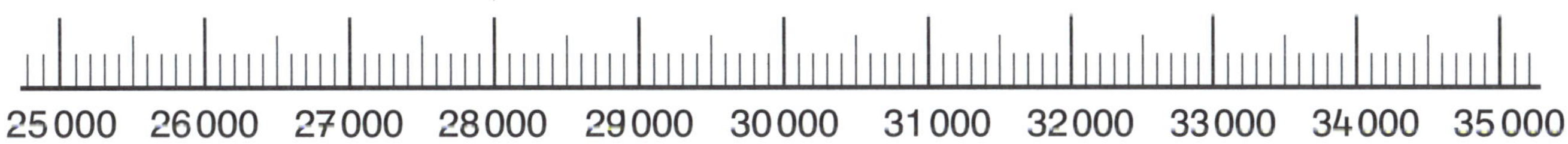

NT	Zahl	NT
	25200	
	27900	
	28400	

NT	Zahl	NT
	29500	
	31400	
	34300	

3 Schreibe zu jeder Zahl die Nachbartausender (NT) auf.

NT	Zahl	NT
	800	
	5200	
	16300	
	27400	

NT	Zahl	NT
	41900	
	64500	
	83100	
	92600	

4 Finde passende Zahlen zu den Nachbartausendern (NT).

NT	Zahl	NT
34000		35000
27000		28000
91000		92000

NT	Zahl	NT
89000		90000
43000		44000
66000		67000

Nachbarzahlen bis 100 000

1 Wohin gehören die Zahlen aus der Tabelle? Zeichne Pfeile an den Zahlenstrahl.
Schreibe dann ihre Nachbarzehntausender (NZT) auf.

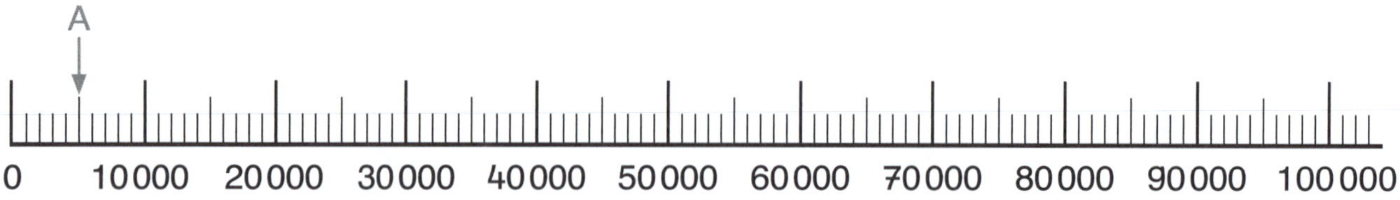

NZT	Zahl	NZT
0	A: 5000	10000
	B: 12000	
	C: 38000	
	D: 46000	

NZT	Zahl	NZT
	E: 51000	
	F: 67000	
	G: 84000	
	H: 93000	

2 Schreibe zu jeder Zahl die Nachbarzehntausender (NZT) auf.

a)

NZT	Zahl	NZT
	27000	
	63000	
	96000	
	42000	

NZT	Zahl	NZT
	59000	
	81000	
	15000	
	78000	

b)

NZT	Zahl	NZT
	34800	
	83100	
	57500	
	700	

NZT	Zahl	NZT
	49900	
	90100	
	5200	
	65600	

3 Finde passende Zahlen zu den Nachbarzehntausendern (NZT).

NZT	Zahl	NZT
30000		40000
10000		20000
80000		90000
40000		50000

NZT	Zahl	NZT
70000		80000
20000		30000
90000		100000
50000		60000

1 Schreibe zu jeder Zahl die Nachbartausender (NT) und die Nachbarzehntausender (NZT) auf.

NZT	NT	Zahl	NT	NZT
20 000	25 000	25 700	26 000	30 000
		86 200		
		54 800		
		40 000		
		97 300		
		50 100		
		62 600		
		99 900		

2 Rechne zu den Nachbartausendern.

a) 32 700 − 700 = 32 000 | 13 200 − ___ = 13 000
32 700 + 300 = 33 000 | 13 200 + ___ = 14 000

b) 46 460 − ___ = ___ | 81 950 − ___ = ___
46 460 + ___ = ___ | 81 950 + ___ = ___

c) 74 520 − ___ = ___ | 28 370 − ___ = ___
74 520 + ___ = ___ | 28 370 + ___ = ___

3 Rechne zu den Nachbarzehntausendern.

a) 32 000 − 2 000 = 30 000 | 13 000 − ___ = 10 000
32 000 + 8 000 = 40 000 | 13 000 + ___ = 20 000

b) 28 400 − ___ = ___ | 57 100 − ___ = ___
28 400 + ___ = ___ | 57 100 + ___ = ___

c) 61 900 − ___ = ___ | 96 700 − ___ = ___
61 900 + ___ = ___ | 96 700 + ___ = ___

Runden zum Zehner:
Der Einer entscheidet.
3816 ≈ 3820
3811 ≈ 3810

Bei 1 bis 4 wird abgerundet, bei 5 bis 9 wird aufgerundet.

Runden zum Hunderter:
Der Zehner entscheidet.
3826 ≈ 3800
3876 ≈ 3900

1 Unterstreiche die Zehnerstelle und runde.

3267 ≈ 3270	1958 ≈	9046 ≈
8538 ≈	7804 ≈	6712 ≈
5141 ≈	2167 ≈	8430 ≈
4526 ≈	3853 ≈	7659 ≈

2 Runde zum Zehner.

5137 ≈	6279 ≈	8356 ≈
7345 ≈	3521 ≈	2608 ≈
2918 ≈	4702 ≈	484 ≈
9053 ≈	1464 ≈	4123 ≈

3 Unterstreiche die Hunderterstelle und runde.

3260 ≈ 3300	1958 ≈	9046 ≈
8530 ≈	7804 ≈	6712 ≈
5140 ≈	2167 ≈	8430 ≈
4520 ≈	3853 ≈	7659 ≈

4 Runde zum Hunderter.

5130 ≈	6279 ≈	8356 ≈
7340 ≈	3521 ≈	2608 ≈
2910 ≈	4702 ≈	484 ≈
9050 ≈	1464 ≈	4123 ≈

Runden zum Tausender:
Der **Hunderter** entscheidet.

53826 ≈ 54000
53326 ≈ 53000

1 Unterstreiche die Tausenderstelle und runde.

35721 ≈ 36000	51958 ≈ ____	16479 ≈ ____
84195 ≈ ____	78040 ≈ ____	63612 ≈ ____
60834 ≈ ____	92367 ≈ ____	81765 ≈ ____
29508 ≈ ____	47253 ≈ ____	38194 ≈ ____

2 Runde zum Tausender.

a)

21400 ≈ ____	58600 ≈ ____	70200 ≈ ____
95200 ≈ ____	14700 ≈ ____	6800 ≈ ____
43900 ≈ ____	82500 ≈ ____	91400 ≈ ____

b)

69150 ≈ ____	36120 ≈ ____	15630 ≈ ____
48530 ≈ ____	29280 ≈ ____	21370 ≈ ____
72490 ≈ ____	84940 ≈ ____	57760 ≈ ____

c)

72097 ≈ ____	43754 ≈ ____	89249 ≈ ____
96615 ≈ ____	50190 ≈ ____	32988 ≈ ____
15282 ≈ ____	26832 ≈ ____	63415 ≈ ____

3 Ergänze passende Zahlen.

____ ≈ 5000	____ ≈ 8000	____ ≈ 3000
____ ≈ 5000	____ ≈ 8000	____ ≈ 3000
____ ≈ 5000	____ ≈ 8000	____ ≈ 3000

Runden zum <u>Zehntausender</u>:
Der Tausender entscheidet.

<u>5</u>4826 ≈ 50000
<u>5</u>9826 ≈ 60000

Bei 1 bis 4 wird abgerundet, bei 5 bis 9 wird aufgerundet.

1 Unterstreiche die Zehntausenderstelle und runde.

<u>3</u>5721 ≈ 40000	51958 ≈	16479 ≈
84195 ≈	78040 ≈	63612 ≈
60834 ≈	92367 ≈	81765 ≈
29508 ≈	47253 ≈	38194 ≈

2 Runde zum Zehntausender.

a)

21400 ≈	58600 ≈	70200 ≈
95200 ≈	14700 ≈	6800 ≈
43900 ≈	82500 ≈	91400 ≈

b)

69150 ≈	36120 ≈	15630 ≈
48530 ≈	29280 ≈	21370 ≈
72490 ≈	84940 ≈	57760 ≈

c)

72097 ≈	43754 ≈	89249 ≈
96615 ≈	50190 ≈	32988 ≈
15282 ≈	26832 ≈	63415 ≈

3 Ergänze passende Zahlen.

≈ 40000	≈ 90000	≈ 70000
≈ 40000	≈ 90000	≈ 70000
≈ 40000	≈ 90000	≈ 70000

1 Runde die Zahlen zum Zehntausender. Kreise sie mit der passenden Farbe ein.

a) 40 000 | 10 000 | 20 000 | 50 000 | 30 000

26 000 | 48 000 | 12 000 | 36 000 | 15 000

34 000 | 22 000 | 53 000 | 9 000 | 44 000

b) 80 000 | 60 000 | 100 000 | 70 000 | 90 000

66030 | 91009 | 62692 | 71420

87 500 | 75 281 | 96 140 | 83 800 | 58 765

2 Unterstreiche den höchsten Stellenwert und runde.

a)

82 351 ≈ 80 000	7 084 ≈	6 328 ≈
3 726 ≈	44 281 ≈	30 564 ≈
51 462 ≈	9 617 ≈	8 299 ≈
25 084 ≈	28 630 ≈	57 013 ≈

b)

1 670 ≈	31 ≈	4 933 ≈
52 357 ≈	65 592 ≈	967 ≈
593 ≈	18 ≈	12 364 ≈
94 138 ≈	2 649 ≈	7 625 ≈

1 Zähle in Schritten. Zeichne Pfeile und schreibe mindestens 8 Zahlen auf. Achte auf die Startzahl.

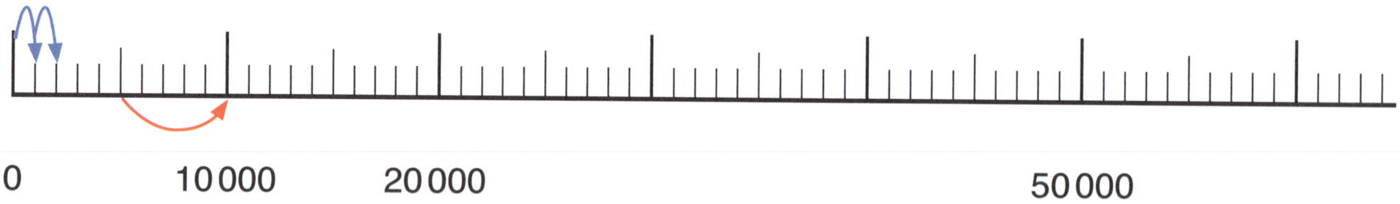

1000er-Schritte: 0, 1000, 2000, ____________________

5000er-Schritte: 5000, 10000, ____________________

2 Zähle rückwärts in Schritten. Zeichne Pfeile und schreibe mindestens 8 Zahlen auf. Achte auf die Startzahl.

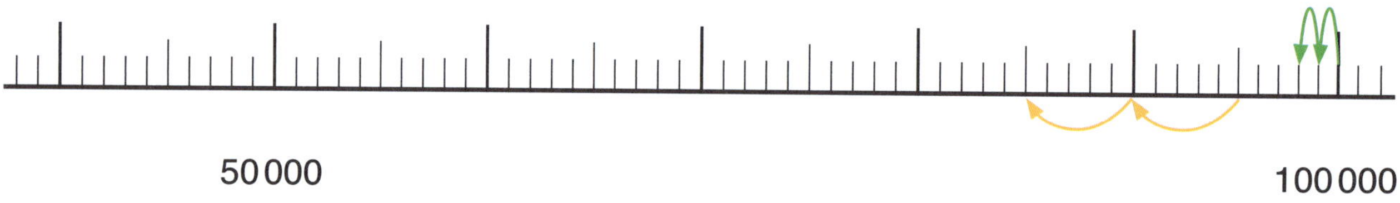

1000er-Schritte: 100000, 99000, ____________________

5000er-Schritte: 95000, 90000, ____________________

3 Zähle in Schritten. Der Zahlenstrahl hilft dir.

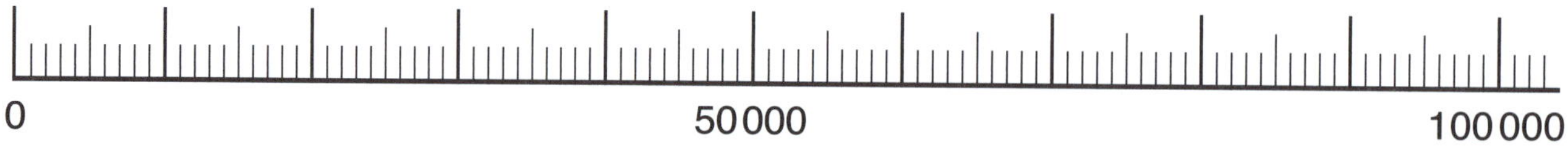

immer + 4000 | 2000, 6000, ____________________

immer + 7000 | 1000, ____________________

immer – 2000 | 100000, ____________________

immer – 9000 | 90000, ____________________

1 Zähle in Schritten. Zeichne Pfeile und schreibe mindestens 8 Zahlen auf. Achte auf die Startzahl.

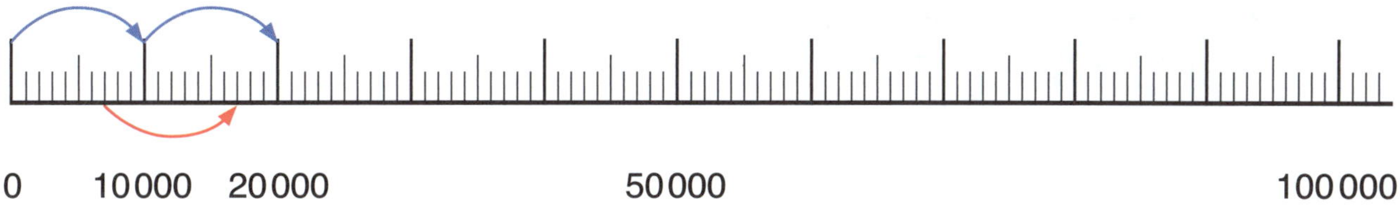

10000er-Schritte: 0, 10000, 20000, ______

10000er-Schritte: 7000, 17000, ______

2 Zähle rückwärts in Schritten. Zeichne Pfeile und schreibe mindestens 8 Zahlen auf. Achte auf die Startzahl.

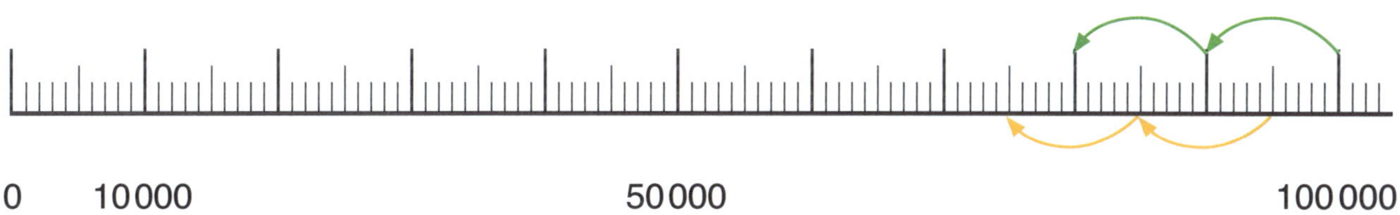

10000er-Schritte: 100000, 90000, ______

10000er-Schritte: 95000, 85000, ______

3 Zähle in Schritten. Der Zahlenstrahl hilft dir.

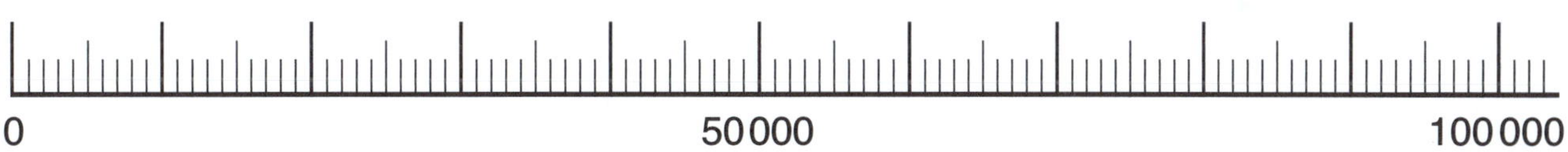

immer + 15000	5000, ______
immer + 11000	8000, ______
immer – 8000	92000, ______
immer – 12000	99000, ______

1 Schreibe mit allen Stellenwerten, als Additionsaufgabe und als Zahl.

a)

2 HT 4 ZT 5 T 0 H 0 Z 0 E

= 200 000 + 40 000 + 5 000 + 0 + 0 + 0 = 245 000

b)

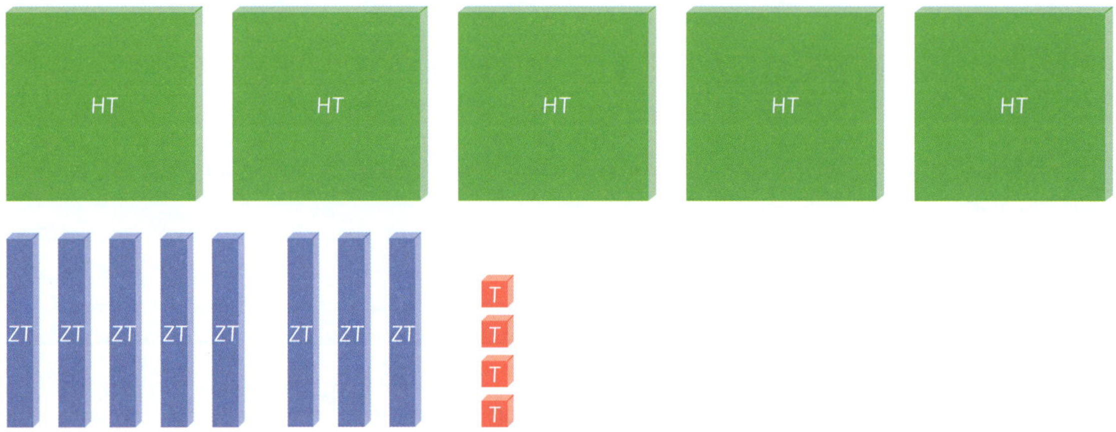

____

= ________________________ = __________

c)

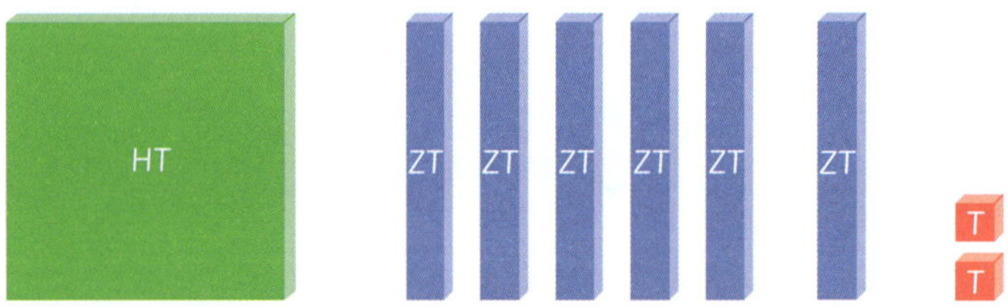

____

= ________________________ = __________

d)

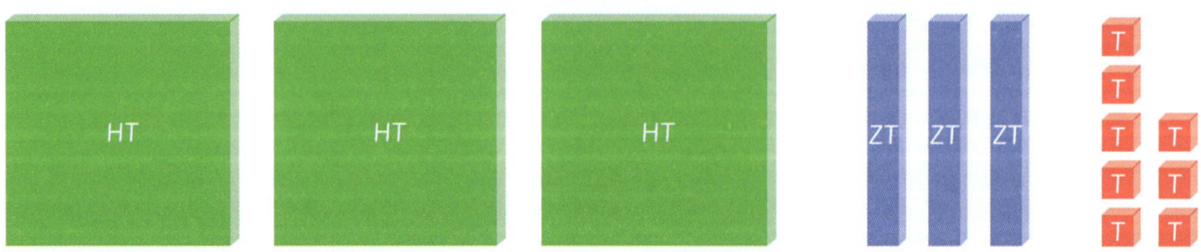

____

= ________________________ = __________

1 Schreibe mit allen Stellenwerten, als Additionsaufgabe und als Zahl.

a)

____

= ______________________________ = ____________

b)

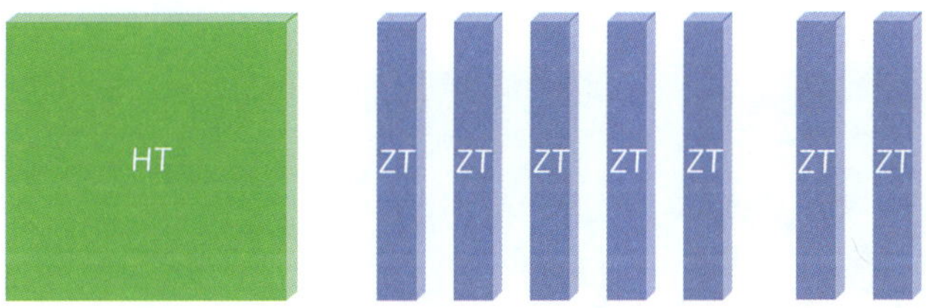

____

= ______________________________ = ____________

c)

____

= ______________________________ = ____________

d)

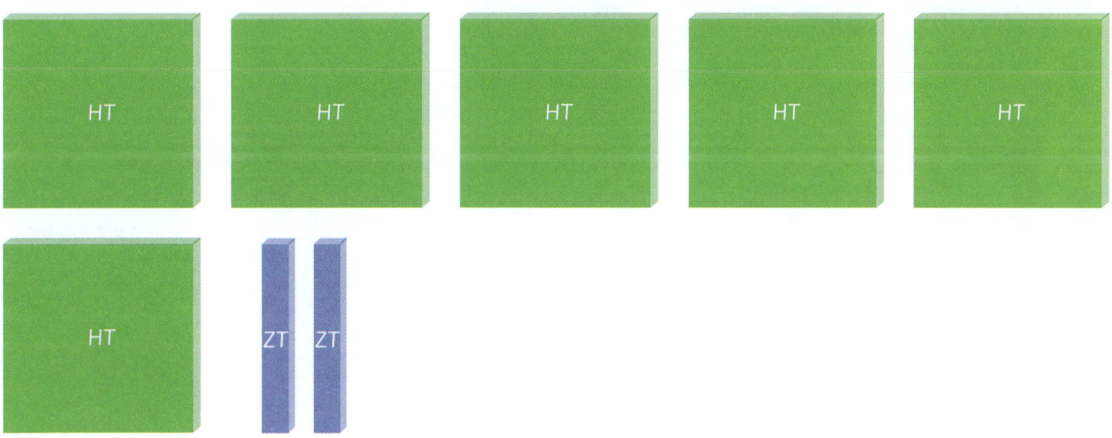

____

= ______________________________ = ____________

1 Schreibe mit allen Stellenwerten, als Additionsaufgabe und als Zahl.

a)

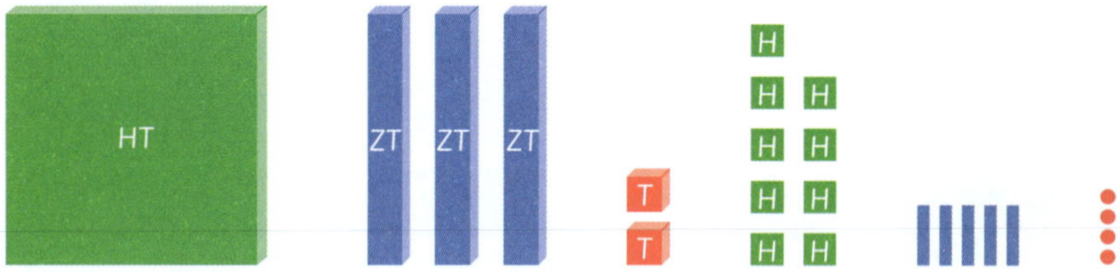

1 HT 3 ZT 2 T 9 H 5 Z 4 E

= 100 000 + 30 000 + 2 000 + 900 + 50 + 4 = ______

b)

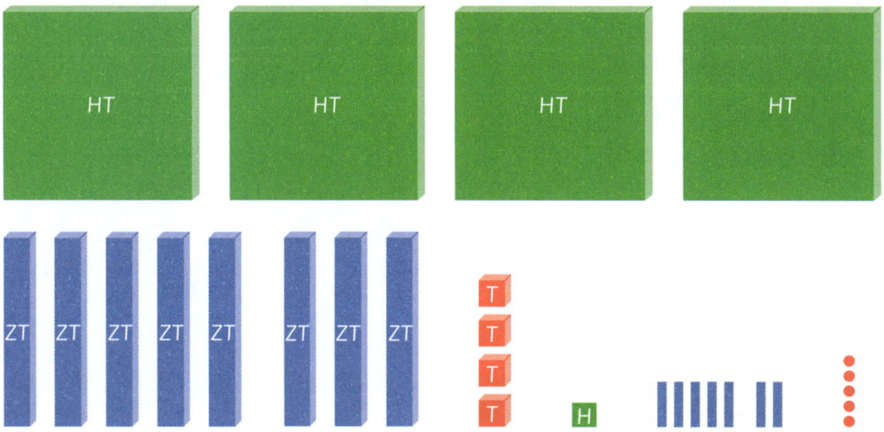

______

= ______ = ______

c)

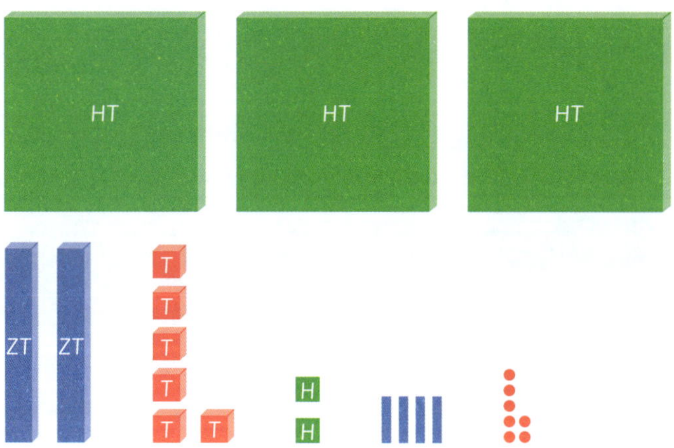

______

= ______ = ______

1 Schreibe mit allen Stellenwerten, als Additionsaufgabe und als Zahl.

a)

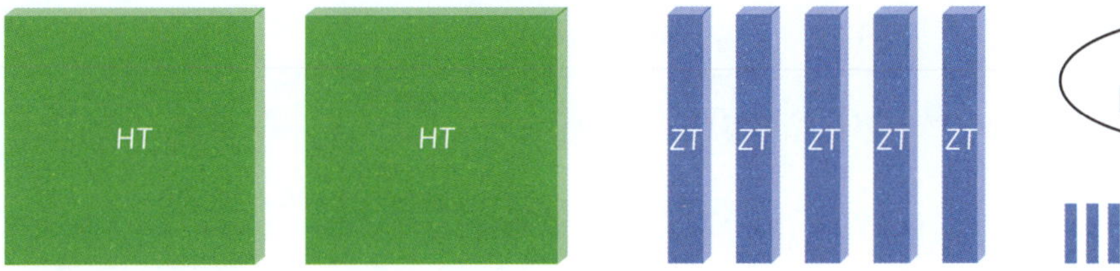

= =

b)

= =

c)

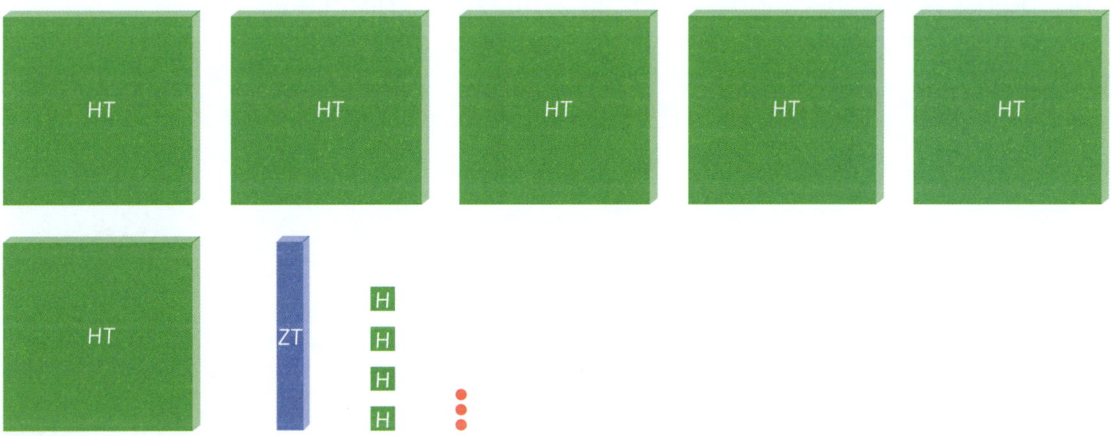

= =

d)

= =

1 Schreibe als Additionsaufgabe und als Zahl. Achte auf die Nullen am Ende.

a)

M	HT	ZT	T	H	Z	E
	7	1	4	0	0	0

700 000 + 10 000 + 4 000 + 0 + 0 + 0 = 714 000

b)

M	HT	ZT	T	H	Z	E
	2	8	3	0	0	0

______________________ = ________

c)

M	HT	ZT	T	H	Z	E
	5	2	9	0	0	0

______________________ = ________

2 Schreibe als Additionsaufgabe und als Zahl. Achte auf die Nullen.

a)

M	HT	ZT	T	H	Z	E
	9	0	5	3	2	0

900 000 + 0 + 5 000 + 300 + 20 + 0 = 905 320

b)

M	HT	ZT	T	H	Z	E
	4	6	0	1	0	7

______________________ = ________

c)

M	HT	ZT	T	H	Z	E
	6	3	8	0	5	0

______________________ = ________

d)

M	HT	ZT	T	H	Z	E
1	0	1	0	1	0	1

______________________ = ________

1 Schreibe immer auf zwei andere Arten:

a) als Additionsaufgabe und als Zahl.

3 HT 7 ZT 4 T 1 H 2 Z 5 E

= ______________________________ = __________

6 HT 5 ZT 6 H 8 Z 1 E

= ______________________________ = __________

4 ZT 3 T 7 Z 6 E

= ______________________________ = __________

8 HT 2 H 5 Z

= ______________________________ = __________

b) mit Stellenwerten und als Additionsaufgabe.

162 709 = ______________________________

= ______________________________

705 034 = ______________________________

= ______________________________

580 620 = ______________________________

= ______________________________

231 578 = ______________________________

= ______________________________

c) als Zahl und in der Tabelle.

900 000 + 80 000 + 100 + 30 + 6

= ______________________ =

M	HT	ZT	T	H	Z	E

400 000 + 5 000 + 70 + 2

= ______________________ =

M	HT	ZT	T	H	Z	E

600 000 + 400 + 50

= ______________________ =

M	HT	ZT	T	H	Z	E

300 000 + 3 000 + 3

= ______________________ =

M	HT	ZT	T	H	Z	E

1 Schreibe die Hunderttausenderzahlen an den Zahlenstrahl.

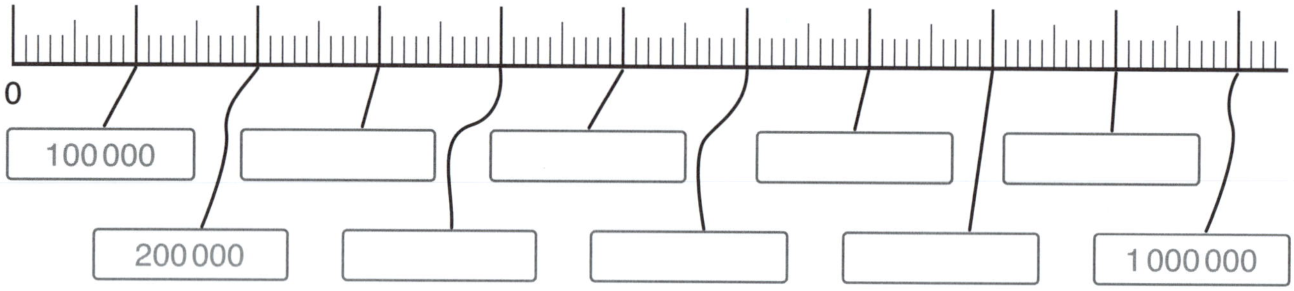

Jeder Strich ist ein 10 000er.

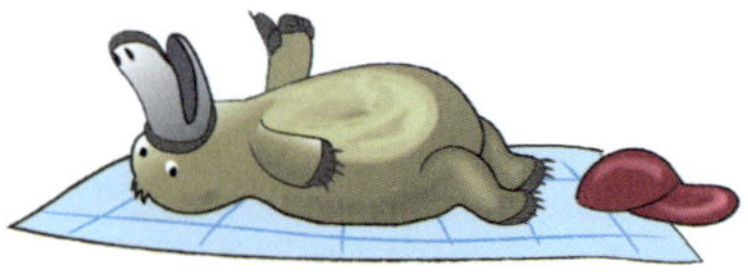

2 Verbinde die Zahlen mit der richtigen Stelle am Zahlenstrahl.

a)

100 000 | 600 000 | 900 000 | 1 000 000 | 800 000

300 000 | 200 000 | 400 000 | 500 000 | 700 000

b)

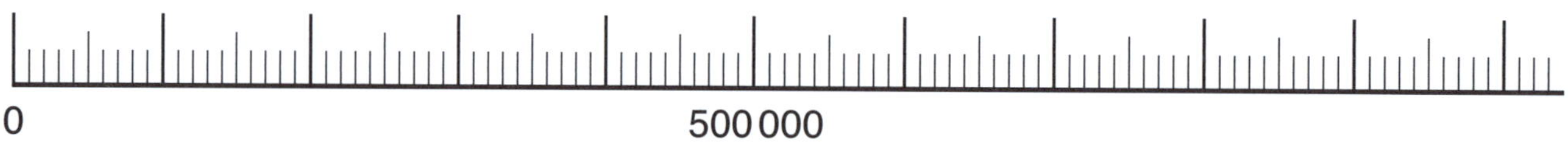

300 000 | 350 000 | 550 000 | 950 000 | 700 000

200 000 | 150 000 | 400 000 | 750 000 | 850 000

c)

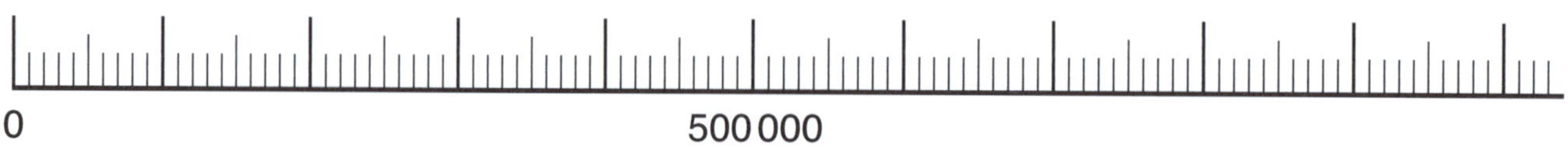

160 000 | 410 000 | 670 000 | 850 000 | 990 000

30 000 | 230 000 | 480 000 | 520 000 | 740 000

Große Zahlen in der Umwelt

*1 Welche großen Zahlen kannst du lesen? Schreibe sie auf.

200 000, 65 414, 384 400, 549 000, 9 575, 14 599, 30 000 000

**2 Suche große Zahlen in Zeitungen oder Zeitschriften.
Schneide sie aus und klebe sie ein.

Zu Tausendern bündeln

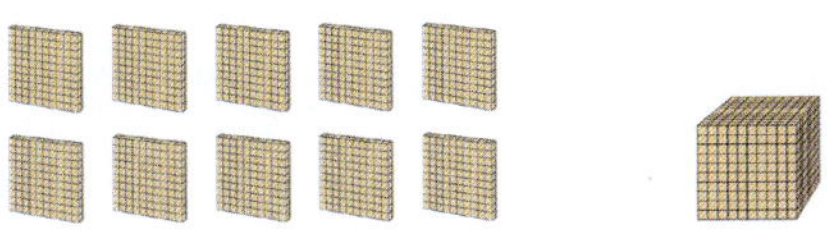

10 H = 1 T = 1 000

*1 Kreise immer 10 Hunderter ein.
Schreibe als Hunderter, als Tausender und als Zahl.

a)

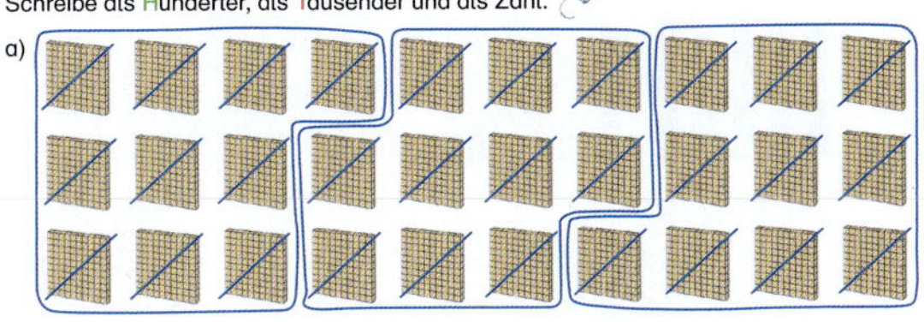

30 H = 3 T = 3 000

b)

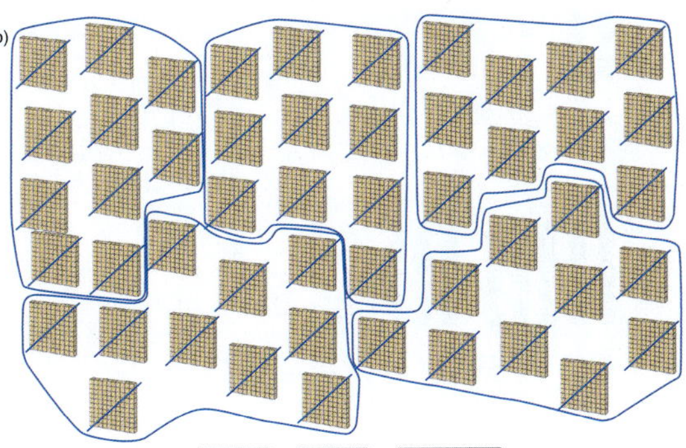

50 H = 5 T = 5 000

Zu Zehntausendern bündeln

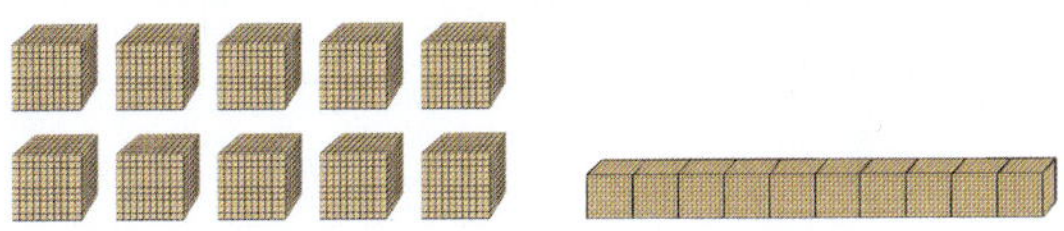

10 T = 1 ZT = 10 000

*1 Kreise immer 10 Tausender ein.
Schreibe als Tausender, als Zehntausender und als Zahl.

a)

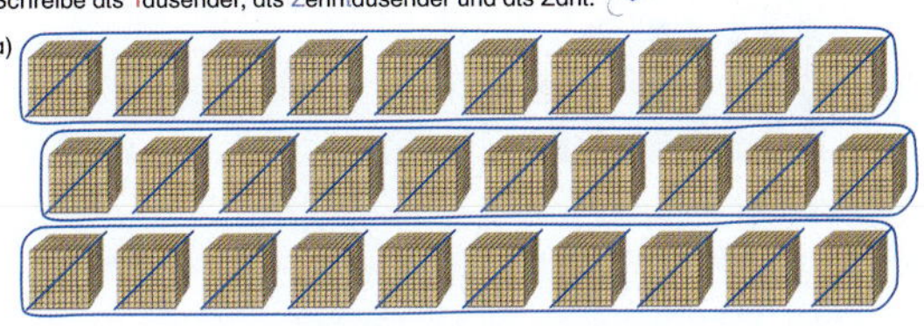

30 T = 3 ZT = 30 000

b)

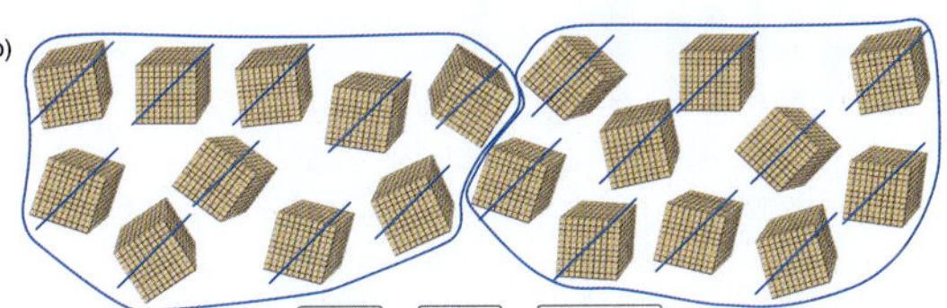

20 T = 2 ZT = 20 000

2 Ergänze.

a)
50 T = 5 ZT = 50 000
40 T = 4 ZT = 40 000
70 T = 7 ZT = 70 000
90 T = 9 ZT = 90 000

b)
60 T = 6 ZT = 60 000
80 T = 8 ZT = 80 000
30 T = 3 ZT = 30 000
10 T = 1 ZT = 10 000

1 Zehntausender = 1 ZT = 10 000   1 Tausender = 1 T = 1 000

1 Schreibe mit Stellenwerten, als Additionsaufgabe und als Zahl.

a)
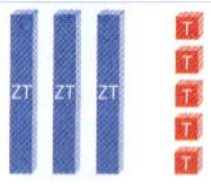

3 ZT 5 T = 30 000 + 5 000 = 35 000

b)
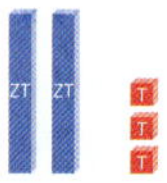

2 ZT 3 T = 20 000 + 3 000 = 23 000

c)

4 ZT 7 T = 40 000 + 7 000 = 47 000

d)
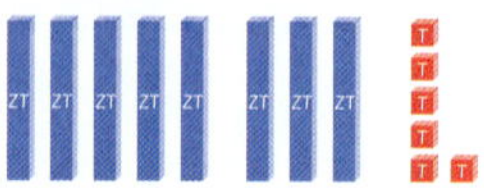

8 ZT 6 T = 80 000 + 6 000 = 86 000

1 Schreibe mit Stellenwerten, als Additionsaufgabe und als Zahl.

a)
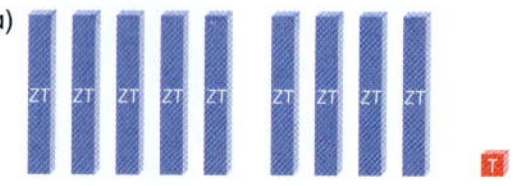

9 ZT 1 T = 90 000 + 1 000 = 91 000

b)
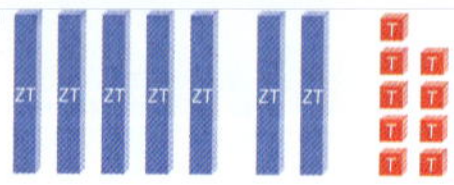

7 ZT 9 T = 70 000 + 9 000 = 79 000

c)
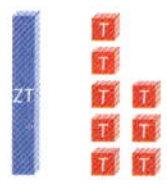

1 ZT 8 T = 10 000 + 8 000 = 18 000

d)

5 ZT 4 T = 50 000 + 4 000 = 54 000

e)

6 ZT 6 T = 60 000 + 6 000 = 66 000

1 Schreibe mit allen Stellenwerten (ZT, T, H, Z, E), als Additionsaufgabe und als Zahl.

a)
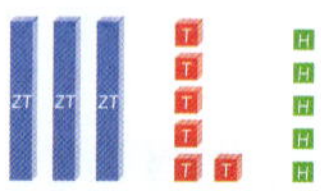

3 ZT 6 T 5 H 0 Z 0 E

= 30 000 + 6 000 + 500 + 0 + 0 = 36 500

b)
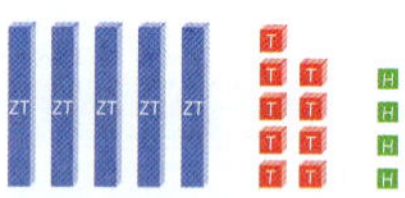

5 ZT 9 T 4 H 0 Z 0 E

= 50 000 + 9 000 + 400 + 0 + 0 = 59 400

c)
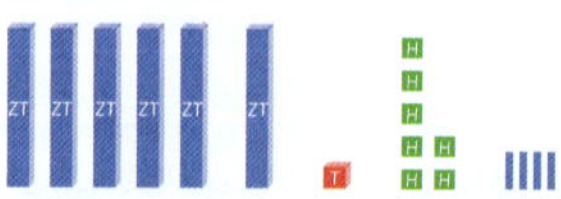

6 ZT 1 T 7 H 4 Z 0 E

= 60 000 + 1 000 + 700 + 40 + 0 = 61 740

d)
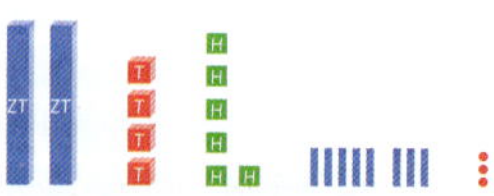

2 ZT 4 T 6 H 8 Z 3 E

= 20 000 + 4 000 + 600 + 80 + 3 = 24 683

1 Schreibe mit allen Stellenwerten, als Additionsaufgabe und als Zahl.

a)
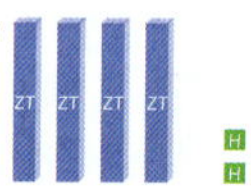

4 ZT 0 T 2 H 0 Z 0 E

= 40 000 + 0 + 200 + 0 + 0 = 40 200

b)
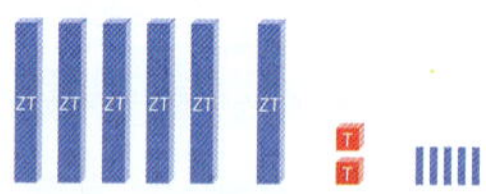

6 ZT 2 T 0 H 5 Z 0 E

= 60 000 + 2 000 + 0 + 50 + 0 = 62 050

c)
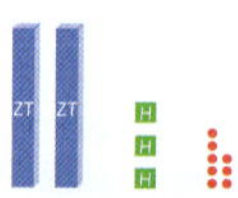

2 ZT 0 T 3 H 0 Z 8 E

= 20 000 + 0 + 300 + 0 + 8 = 20 308

d)
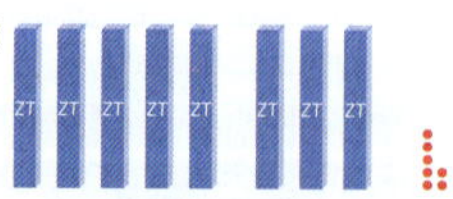

8 ZT 0 T 0 H 0 Z 7 E

= 80 000 + 0 + 0 + 0 + 7 = 80 007

Zahlen bis 100 000 darstellen

1 Schreibe als Additionsaufgabe und als Zahl. Achte auf die Nullen am Ende.

a)

HT	ZT	T	H	Z	E
	4	2	5	0	0

40 000 + 2 000 + 500 + 0 + 0 = 42 500

b)

HT	ZT	T	H	Z	E
	5	1	8	7	0

50 000 + 1 000 + 800 + 70 + 0 = 51 870

c)

HT	ZT	T	H	Z	E
	1	3	6	9	2

10 000 + 3 000 + 600 + 90 + 2 = 13 692

2 Schreibe als Additionsaufgabe und als Zahl. Achte auf alle Nullen.

a)

HT	ZT	T	H	Z	E
	3	8	0	4	1

30 000 + 8 000 + 0 + 40 + 1 = 38 041

b)

HT	ZT	T	H	Z	E
	6	0	0	7	4

60 000 + 0 + 0 + 70 + 4 = 60 074

c)

HT	ZT	T	H	Z	E
	5	0	2	0	9

50 000 + 0 + 200 + 0 + 9 = 50 209

d)

HT	ZT	T	H	Z	E
	7	0	0	0	6

70 000 + 0 + 0 + 0 + 6 = 70 006

Zahlen bis 100 000 darstellen

1 Schreibe immer auf zwei andere Arten:

a) als Additionsaufgabe und als Zahl.

7 ZT 4 T 1 H 2 Z 5 E
= 70 000 + 4 000 + 100 + 20 + 5 = 74 125

5 ZT 8 T 6 H 1 Z 2 E
= 50 000 + 8 000 + 600 + 10 + 2 = 58 612

4 ZT 2 H 8 E
= 40 000 + 0 + 200 + 0 + 8 = 40 208

1 ZT 9 E
= 10 000 + 0 + 0 + 0 + 9 = 10 009

b) mit Stellenwerten und als Additionsaufgabe.

32 529 = 3 ZT 2 T 5 H 2 Z 9 E
= 30 000 + 2 000 + 500 + 20 + 9

17 007 = 1 ZT 7 T 0 H 0 Z 7 E
= 10 000 + 7 000 + 0 + 0 + 7

40 906 = 4 ZT 0 T 9 H 0 Z 6 E
= 40 000 + 0 + 900 + 0 + 6

80 880 = 8 ZT 0 T 8 H 8 Z 0 E
= 80 000 + 0 + 800 + 80 + 0

c) als Zahl und in die Tabelle.

50 000 + 1 000 + 300 + 80 + 6
= 51 386

HT	ZT	T	H	Z	E
	5	1	3	8	6

70 000 + 500 + 1
= 70 501

HT	ZT	T	H	Z	E
	7	0	5	0	1

10 000 + 8 000 + 30
= 18 030

HT	ZT	T	H	Z	E
	1	8	0	3	0

60 000 + 9 000 + 600 + 9
= 69 609

HT	ZT	T	H	Z	E
	6	9	6	0	9

Zahlen bis 100 000 am Zahlenstrahl

1 Schreibe die Zehntausenderzahlen an den Zahlenstrahl.

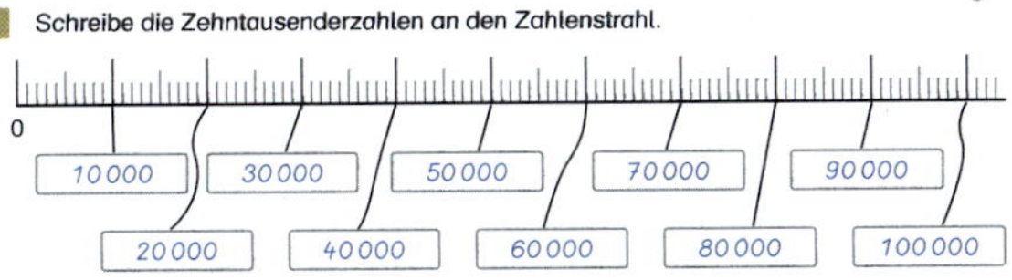

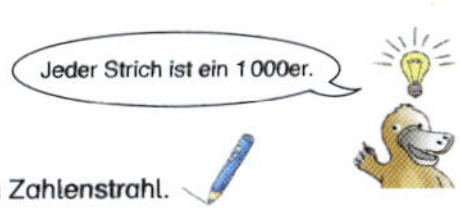

2 Verbinde die Zahlen mit der richtigen Stelle am Zahlenstrahl.

a)

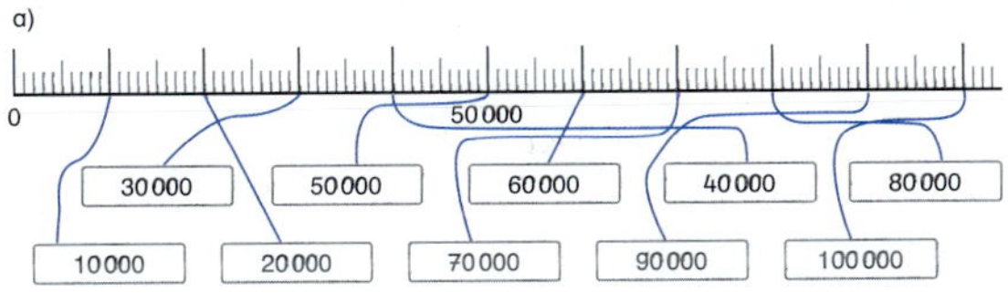

b)

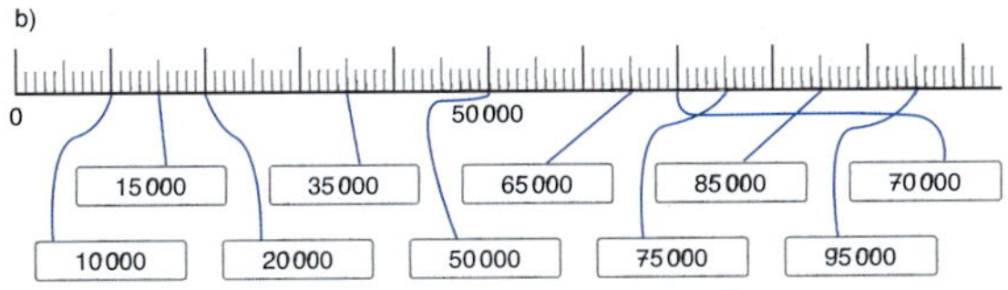

c)

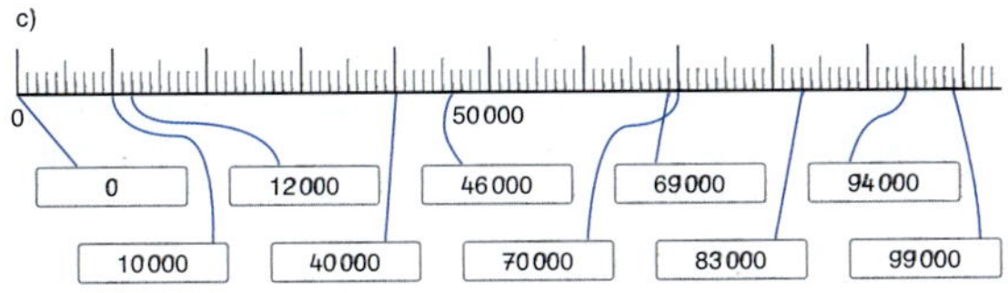

Zahlen bis 100 000 am Zahlenstrahl

1 Welche Zahlen gehören zu den Buchstaben? Schreibe.

a)

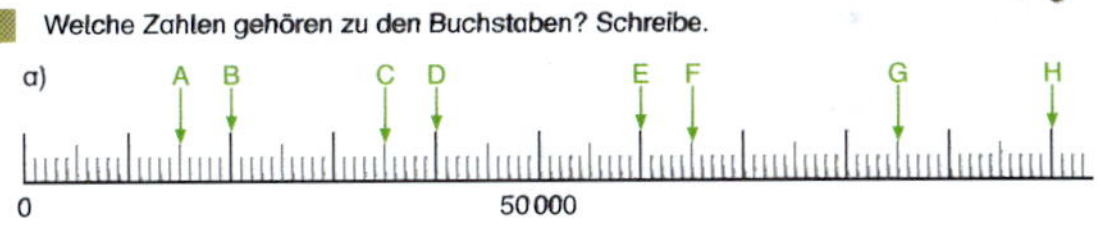

A: 15 000 B: 20 000 C: 35 000 D: 40 000
E: 60 000 F: 65 000 G: 85 000 H: 100 000

b)

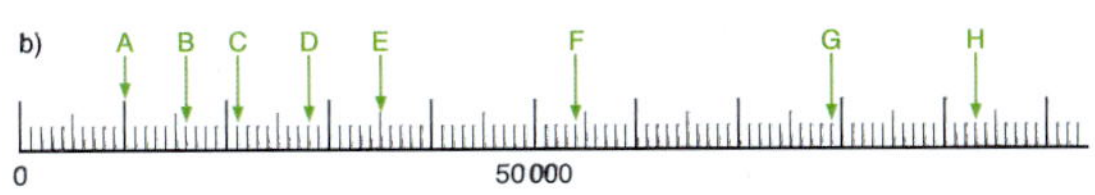

A: 10 000 B: 16 000 C: 21 000 D: 28 000
E: 35 000 F: 54 000 G: 79 000 H: 93 000

c)

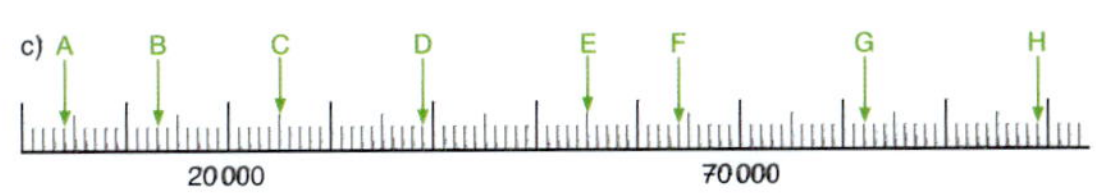

A: 4 000 B: 13 000 C: 25 000 D: 39 000
E: 55 000 F: 64 000 G: 82 000 H: 99 000

d)

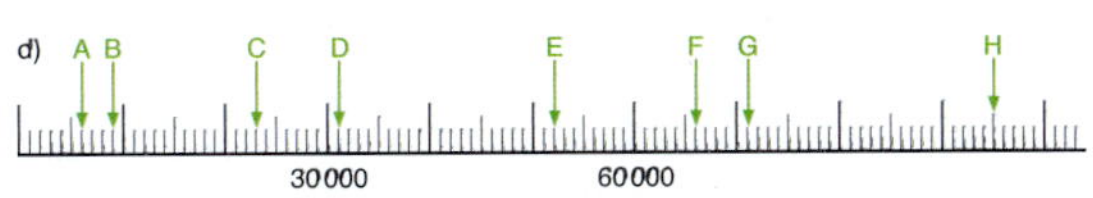

A: 6 000 B: 9 000 C: 23 000 D: 31 000
E: 52 000 F: 66 000 G: 71 000 H: 95 000

1 Ergänze die fehlenden Tausenderzahlen.

45000 | 47000 | 50000

2 Welche Zahlen gehören zu den Buchstaben? Schreibe.

Jeder Strich ist ein 100er.

a)

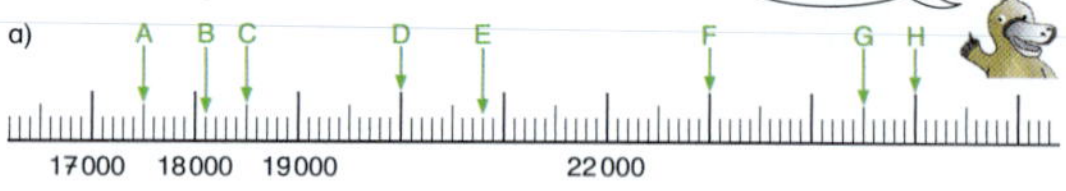

A: 17500 B: 18100 C: 18500 D: 20000
E: 20800 F: 23000 G: 24500 H: 25000

b)

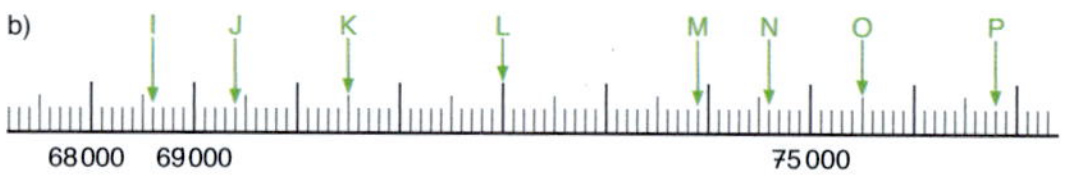

I: 68600 J: 69400 K: 70500 L: 72000
M: 73900 N: 74600 O: 75500 P: 76800

3 Welche Zahlen sind mit dem Zahlenstrahl falsch verbunden? Streiche sie durch.

a)

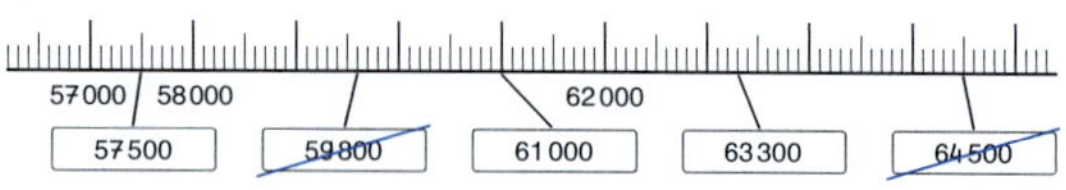

57500 | ~~59800~~ | 61000 | 63300 | ~~64500~~

b)

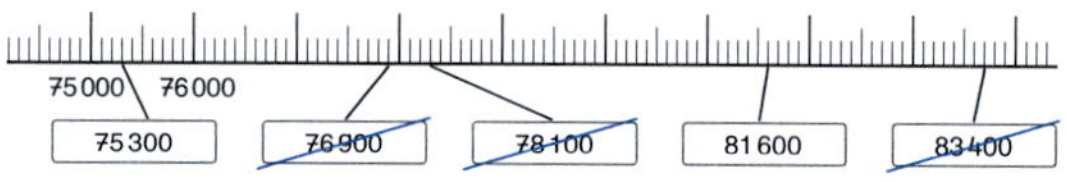

75300 | ~~76900~~ | ~~78100~~ | 81600 | ~~83400~~

1 Ergänze die fehlenden Hunderterzahlen.

35900 | 36100 | 36300 | 36600

2 Welche Zahlen gehören zu den Buchstaben? Schreibe.

Jeder Strich ist ein 10er.

a)

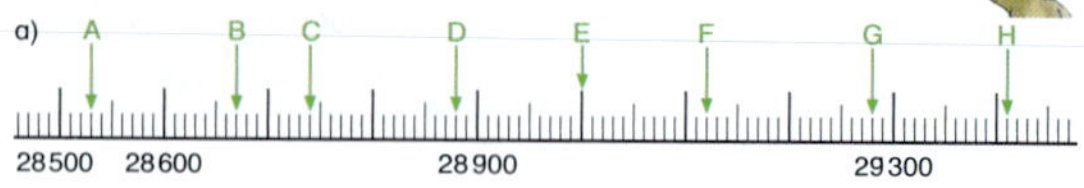

A: 28530 B: 28670 C: 28740 D: 28880
E: 29000 F: 29120 G: 29280 H: 29410

b)

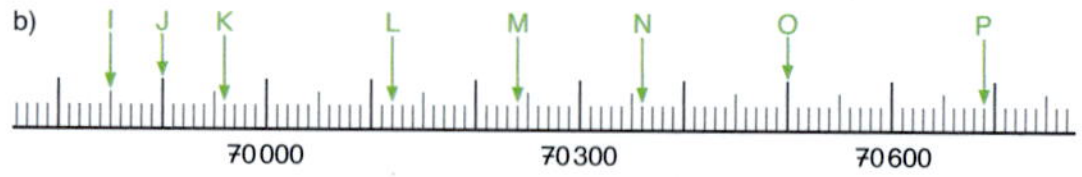

I: 69850 J: 69900 K: 69960 L: 70120
M: 70240 N: 70360 O: 70500 P: 70690

3 Ergänze die fehlenden Zehnerzahlen.

Jeder Strich ist ein 1er.

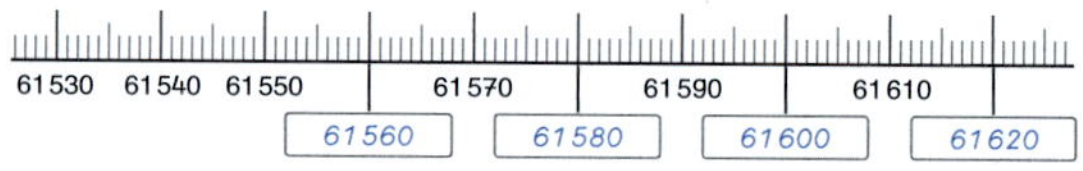

61560 | 61580 | 61600 | 61620

4 Verbinde die Zahlen mit der richtigen Stelle am Zahlenstrahl.

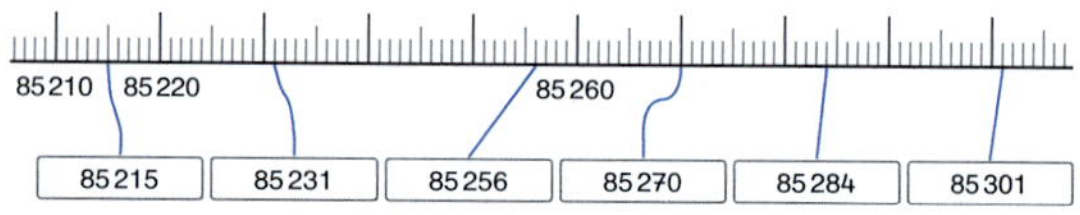

85215 | 85231 | 85256 | 85270 | 85284 | 85301

1 Schreibe zu jeder Zahl den Vorgänger (V) und den Nachfolger (N) auf.

a)

V	Zahl	N
4783	4784	4785
9158	9159	9160
1269	1270	1271
6931	6932	6933
4365	4366	4367

V	Zahl	N
5047	5048	5049
2799	2800	2801
7524	7525	7526
3490	3491	3492
8616	8617	8618

b)

V	Zahl	N
20307	20308	20309
20665	20666	20667
20188	20189	20190
20853	20854	20855
20290	20291	20292

V	Zahl	N
20531	20532	20533
20909	20910	20911
20474	20475	20476
20026	20027	20028
20742	20743	20744

2 Schreibe zu jeder Zahl den Vorgänger (V) und den Nachfolger (N) auf.

V	Zahl	N
627	628	629
3074	3075	3076
17532	17533	17534
28203	28204	28205
34709	34710	34711
45998	45999	46000

V	Zahl	N
50435	50436	50437
67181	67182	67183
79840	79841	79842
82356	82357	82358
91064	91065	91066
99998	99999	100000

3 Ergänze die Tabellen mit passenden Zahlen.

V	Zahl	N
4379	4380	4381
14193	14194	14195
29071	29072	29073
36919	36920	36921
41699	41700	41701
47398	47399	47400

V	Zahl	N
55554	55555	55556
68628	68629	68630
72211	72212	72213
80809	80810	80811
93244	93245	93246
98699	98700	98701

1 Wohin gehören die Zahlen aus der Tabelle? Zeichne Pfeile an den Zahlenstrahl. Schreibe dann ihre Nachbartausender (NT) auf.

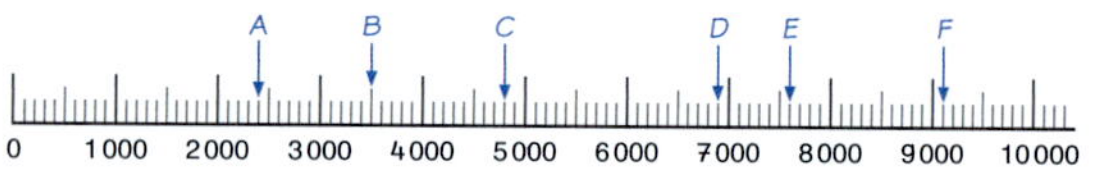

NT	Zahl	NT
2000	A: 2400	3000
3000	B: 3500	4000
4000	C: 4800	5000

NT	Zahl	NT
6000	D: 6900	7000
7000	E: 7600	8000
9000	F: 9100	10000

2 Schreibe die Nachbartausender (NT) auf. Der Zahlenstrahl hilft dir.

NT	Zahl	NT
25000	25200	26000
27000	27900	28000
28000	28400	29000

NT	Zahl	NT
29000	29500	30000
31000	31400	32000
34000	34300	35000

3 Schreibe zu jeder Zahl die Nachbartausender (NT) auf.

NT	Zahl	NT
0	800	1000
5000	5200	6000
16000	16300	17000
27000	27400	28000

NT	Zahl	NT
41000	41900	42000
64000	64500	65000
83000	83100	84000
92000	92600	93000

* **4** Finde passende Zahlen zu den Nachbartausendern (NT).

NT	Zahl	NT
34000	34500	35000
27000	27500	28000
91000	91500	92000

NT	Zahl	NT
89000	89500	90000
43000	43500	44000
66000	66500	67000

* Beispiellösung

Nachbarzahlen bis 100 000

1 Wohin gehören die Zahlen aus der Tabelle? Zeichne Pfeile an den Zahlenstrahl. Schreibe dann ihre Nachbarzehntausender (NZT) auf.

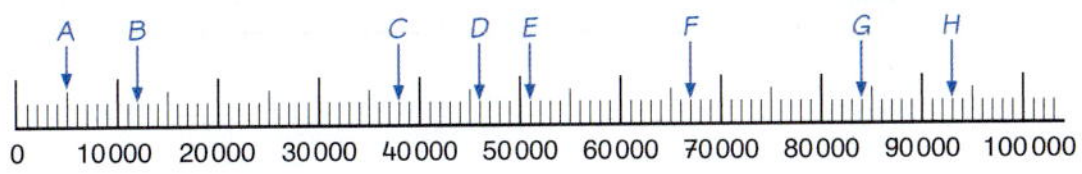

NZT	Zahl	NZT
0	A: 5000	10000
10000	B: 12000	20000
30000	C: 38000	40000
40000	D: 46000	50000

NZT	Zahl	NZT
50000	E: 51000	60000
60000	F: 67000	70000
80000	G: 84000	90000
90000	H: 93000	100000

2 Schreibe zu jeder Zahl die Nachbarzehntausender (NZT) auf.

a)

NZT	Zahl	NZT
20000	27000	30000
60000	63000	70000
90000	96000	100000
40000	42000	50000

NZT	Zahl	NZT
50000	59000	60000
80000	81000	90000
10000	15000	20000
70000	78000	80000

b)

NZT	Zahl	NZT
30000	34800	40000
80000	83100	90000
50000	57500	60000
0	700	10000

NZT	Zahl	NZT
40000	49900	50000
90000	90100	100000
0	5200	10000
60000	65600	70000

* **3** Finde passende Zahlen zu den Nachbarzehntausendern (NZT).

NZT	Zahl	NZT
30000	35000	40000
10000	15000	20000
80000	85500	90000
40000	45000	50000

NZT	Zahl	NZT
70000	75000	80000
20000	25000	30000
90000	95000	100000
50000	55000	60000

* Beispiellösung

Nachbarzahlen bis 100 000

1 Schreibe zu jeder Zahl die Nachbartausender (NT) und die Nachbarzehntausender (NZT) auf.

NZT	NT	Zahl	NT	NZT
20000	25000	25700	26000	30000
80000	86000	86200	87000	90000
50000	54000	54800	55000	60000
30000	39000	40000	41000	50000
90000	97000	97300	98000	100000
50000	50000	50100	51000	60000
60000	62000	62600	63000	70000
90000	99000	99900	100000	100000

2 Rechne zu den Nachbartausendern.

a) 32700 − 700 = 32000 | 13200 − 200 = 13000
32700 + 300 = 33000 | 13200 + 800 = 14000

b) 46460 − 460 = 46000 | 81950 − 950 = 81000
46460 + 540 = 47000 | 81950 + 50 = 82000

c) 74520 − 520 = 74000 | 28370 − 370 = 28000
74520 + 480 = 75000 | 28370 + 630 = 29000

3 Rechne zu den Nachbarzehntausendern.

a) 32000 − 2000 = 30000 | 13000 − 3000 = 10000
32000 + 8000 = 40000 | 13000 + 7000 = 20000

b) 28400 − 8400 = 20000 | 57100 − 7100 = 50000
28400 + 1600 = 30000 | 57100 + 2900 = 60000

c) 61900 − 1900 = 60000 | 96700 − 6700 = 90000
61900 + 8100 = 70000 | 96700 + 3300 = 100000

Zahlen runden

Runden zum Zehner:
Der Einer entscheidet.
3816 ≈ 3820
3811 ≈ 3810

Runden zum Hunderter:
Der Zehner entscheidet.
3826 ≈ 3800
3876 ≈ 3900

1 Unterstreiche die Zehnerstelle und runde.

3267 ≈ 3270 | 1958 ≈ 1960 | 9046 ≈ 9050
8538 ≈ 8540 | 7804 ≈ 7800 | 6712 ≈ 6710
5141 ≈ 5140 | 2167 ≈ 2170 | 8430 ≈ 8430
4526 ≈ 4530 | 3853 ≈ 3850 | 7659 ≈ 7660

2 Runde zum Zehner.

5137 ≈ 5140 | 6279 ≈ 6280 | 8356 ≈ 8360
7345 ≈ 7350 | 3521 ≈ 3520 | 2608 ≈ 2610
2918 ≈ 2920 | 4702 ≈ 4700 | 484 ≈ 480
9053 ≈ 9050 | 1464 ≈ 1460 | 4123 ≈ 4120

3 Unterstreiche die Hunderterstelle und runde.

3260 ≈ 3300 | 1958 ≈ 2000 | 9046 ≈ 9000
8530 ≈ 8500 | 7804 ≈ 7800 | 6712 ≈ 6700
5140 ≈ 5100 | 2167 ≈ 2200 | 8430 ≈ 8400
4520 ≈ 4500 | 3853 ≈ 3900 | 7659 ≈ 7700

4 Runde zum Hunderter.

5130 ≈ 5100 | 6279 ≈ 6300 | 8356 ≈ 8400
7340 ≈ 7300 | 3521 ≈ 3500 | 2608 ≈ 2600
2910 ≈ 2900 | 4702 ≈ 4700 | 484 ≈ 500
9050 ≈ 9100 | 1464 ≈ 1500 | 4123 ≈ 4100

Zahlen runden

Runden zum Tausender:
Der Hunderter entscheidet.
53826 ≈ 54000
53326 ≈ 53000

1 Unterstreiche die Tausenderstelle und runde.

35721 ≈ 36000 | 51958 ≈ 52000 | 16479 ≈ 16000
84195 ≈ 84000 | 78040 ≈ 78000 | 63612 ≈ 64000
60834 ≈ 61000 | 92367 ≈ 92000 | 81765 ≈ 82000
29508 ≈ 30000 | 47253 ≈ 47000 | 38194 ≈ 38000

2 Runde zum Tausender.

a) 21400 ≈ 21000 | 58600 ≈ 59000 | 70200 ≈ 70000
95200 ≈ 95000 | 14700 ≈ 15000 | 6800 ≈ 7000
43900 ≈ 44000 | 82500 ≈ 83000 | 91400 ≈ 91000

b) 69150 ≈ 69000 | 36120 ≈ 36000 | 15630 ≈ 16000
48530 ≈ 49000 | 29280 ≈ 29000 | 21370 ≈ 21000
72490 ≈ 72000 | 84940 ≈ 85000 | 57760 ≈ 58000

c) 72097 ≈ 72000 | 43754 ≈ 44000 | 89249 ≈ 89000
96615 ≈ 97000 | 50190 ≈ 50000 | 32988 ≈ 33000
15282 ≈ 15000 | 26832 ≈ 27000 | 63415 ≈ 63000

* **3** Ergänze passende Zahlen.

4999 ≈ 5000 | 8100 ≈ 8000 | 2800 ≈ 3000
4500 ≈ 5000 | 7800 ≈ 8000 | 3400 ≈ 3000
5050 ≈ 5000 | 8352 ≈ 8000 | 3333 ≈ 3000

* Beispiellösung

Zahlen runden

100000

Runden zum Zehntausender:
Der Tausender entscheidet.
54826 ≈ 50000
59826 ≈ 60000

Bei 1 bis 4 wird abgerundet, bei 5 bis 9 wird aufgerundet.

1 Unterstreiche die Zehntausenderstelle und runde.

35721 ≈ 40000	51958 ≈ 50000	16479 ≈ 20000
84195 ≈ 80000	78040 ≈ 80000	63612 ≈ 60000
60834 ≈ 60000	92367 ≈ 90000	81765 ≈ 80000
29508 ≈ 30000	47253 ≈ 50000	38194 ≈ 40000

2 Runde zum Zehntausender.

a) 21400 ≈ 20000	58600 ≈ 60000	70200 ≈ 70000
95200 ≈ 100000	14700 ≈ 10000	6800 ≈ 10000
43900 ≈ 40000	82500 ≈ 80000	91400 ≈ 90000
b) 69150 ≈ 70000	36120 ≈ 40000	15630 ≈ 20000
48530 ≈ 50000	29280 ≈ 30000	21370 ≈ 20000
72490 ≈ 70000	84940 ≈ 80000	57760 ≈ 60000
c) 72097 ≈ 70000	43754 ≈ 40000	89249 ≈ 90000
96615 ≈ 100000	50190 ≈ 50000	32988 ≈ 30000
15282 ≈ 20000	26832 ≈ 30000	63415 ≈ 60000

* **3** Ergänze passende Zahlen.

39000 ≈ 40000	88000 ≈ 90000	65000 ≈ 70000
42000 ≈ 40000	92000 ≈ 90000	74000 ≈ 70000
35000 ≈ 40000	94000 ≈ 90000	70100 ≈ 70000

Zahlen runden

1 Runde die Zahlen zum Zehntausender. Kreise sie mit der passenden Farbe ein.

a) 40000 | 10000 | 20000 | 50000 | 30000

26000, 48000, 12000, 36000, 15000, 34000, 22000, 53000, 9000, 44000

b) 80000 | 60000 | 100000 | 70000 | 90000

66030, 91009, 62692, 71420, 87500, 75281, 96140, 83800, 58765

2 Unterstreiche den höchsten Stellenwert und runde.

a) 82351 ≈ 80000	7084 ≈ 7000	6328 ≈ 6000
3726 ≈ 4000	44281 ≈ 40000	30564 ≈ 30000
51462 ≈ 50000	9617 ≈ 10000	8299 ≈ 8000
25084 ≈ 30000	28630 ≈ 30000	57013 ≈ 60000
b) 1670 ≈ 2000	31 ≈ 30	4933 ≈ 5000
52357 ≈ 50000	65592 ≈ 70000	967 ≈ 1000
593 ≈ 600	18 ≈ 20	12364 ≈ 10000
94138 ≈ 90000	2649 ≈ 3000	7625 ≈ 8000

Zahlenfolgen am Zahlenstrahl

1 Zähle in Schritten. Zeichne Pfeile und schreibe mindestens 8 Zahlen auf. Achte auf die Startzahl.

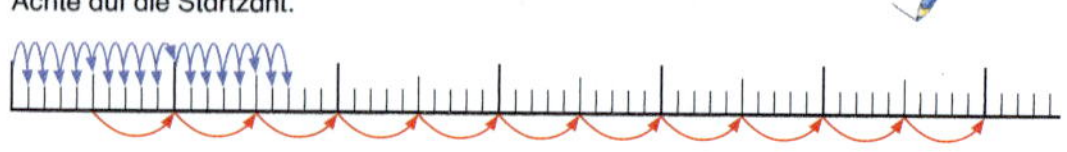

1000er-Schritte: 0, 1000, 2000, 3000, 4000, 5000, 6000, 7000, 8000, 9000, 10000, 11000, 12000, 13000, 14000, 15000, 16000, 17000

5000er-Schritte: 5000, 10000, 15000, 20000, 25000, 30000, 35000, 45000, 50000, 55000, 60000

2 Zähle rückwärts in Schritten. Zeichne Pfeile und schreibe mindestens 8 Zahlen auf. Achte auf die Startzahl.

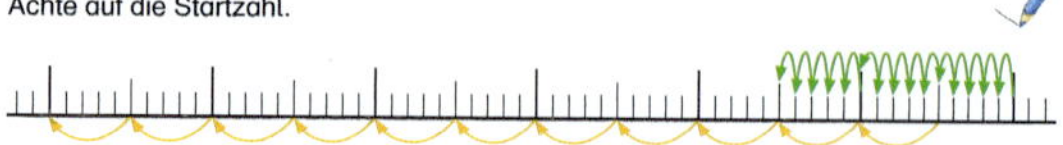

1000er-Schritte: 100000, 99000, 98000, 97000, 96000, 95000, 94000, 93000, 92000, 91000, 90000, 89000, 88000, 87000, 86000, 85000

5000er-Schritte: 95000, 90000, 85000, 80000, 75000, 70000, 65000, 60000, 55000, 50000, 45000, 40000

3 Zähle in Schritten. Der Zahlenstrahl hilft dir.

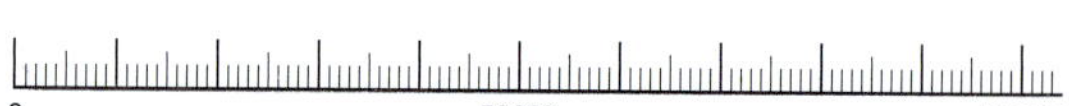

immer + 4000: 2000, 6000, 10000, 14000, 18000, 22000, 26000, 30000

immer + 7000: 1000, 8000, 15000, 22000, 29000, 36000, 43000, 50000

immer – 2000: 100000, 98000, 96000, 94000, 92000, 90000, 88000, 86000

immer – 9000: 90000, 81000, 72000, 63000, 54000, 45000, 36000, 27000

Zahlenfolgen am Zahlenstrahl

1 Zähle in Schritten. Zeichne Pfeile und schreibe mindestens 8 Zahlen auf. Achte auf die Startzahl.

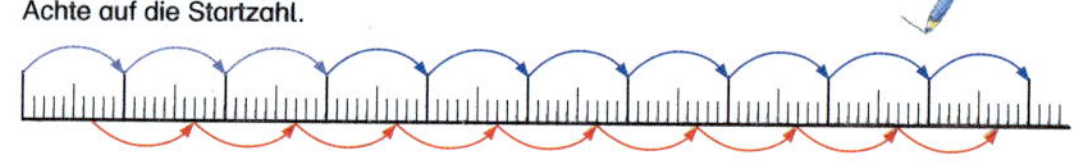

10000er-Schritte: 0, 10000, 20000, 30000, 40000, 50000, 60000, 70000, 80000, 90000, 100000

10000er-Schritte: 7000, 17000, 27000, 37000, 47000, 57000, 67000, 77000, 87000, 97000

2 Zähle rückwärts in Schritten. Zeichne Pfeile und schreibe mindestens 8 Zahlen auf. Achte auf die Startzahl.

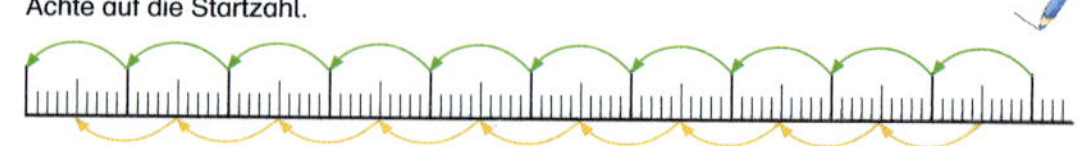

10000er-Schritte: 100000, 90000, 80000, 70000, 60000, 50000, 40000, 30000, 20000, 10000, 0

10000er-Schritte: 95000, 85000, 75000, 65000, 55000, 45000, 35000, 25000, 15000, 5000

3 Zähle in Schritten. Der Zahlenstrahl hilft dir.

immer + 15000: 5000, 20000, 35000, 50000, 65000, 80000, 95000

immer + 11000: 8000, 19000, 30000, 41000, 52000, 63000, 74000

immer – 8000: 92000, 84000, 76000, 68000, 60000, 52000, 44000

immer – 12000: 99000, 87000, 75000, 63000, 51000, 39000, 27000

1 Schreibe mit allen Stellenwerten, als Additionsaufgabe und als Zahl.

a)

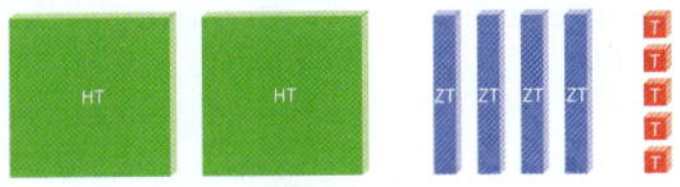

2 HT 4 ZT 5 T 0 H 0 Z 0 E

= 200000 + 40000 + 5000 + 0 + 0 + 0 = 245000

b)

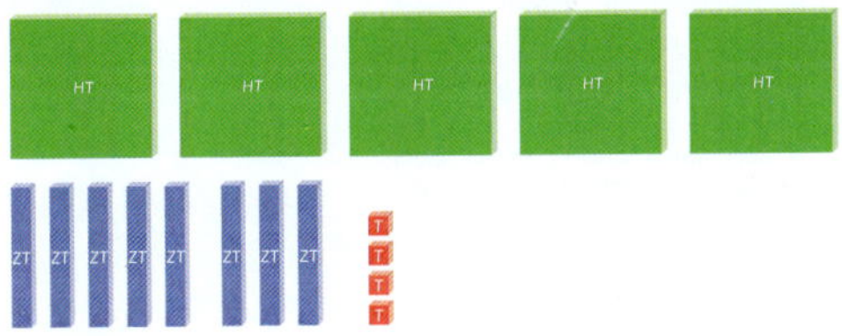

5 HT 8 ZT 4 T 0 H 0 Z 0 E

= 500000 + 80000 + 4000 + 0 + 0 + 0 = 584000

c)

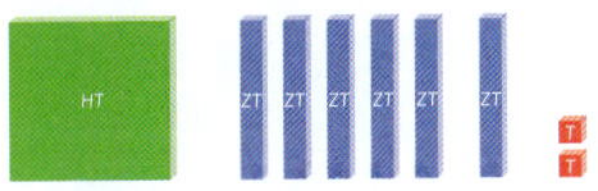

1 HT 6 ZT 2 T 0 H 0 Z 0 E

= 100000 + 60000 + 2000 + 0 + 0 + 0 = 162000

d)

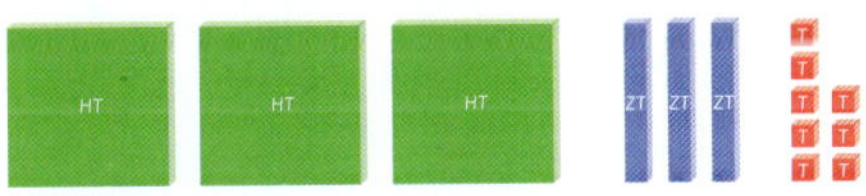

3 HT 3 ZT 8 T 0 H 0 Z 0 E

= 300000 + 30000 + 8000 + 0 + 0 + 0 = 338000

1 Schreibe mit allen Stellenwerten, als Additionsaufgabe und als Zahl.

a)

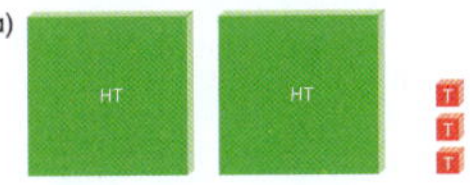

2 HT 0 ZT 3 T 0 H 0 Z 0 E

= 200000 + 0 + 3000 + 0 + 0 + 0 = 203000

b)

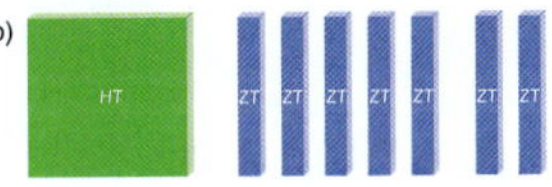

1 HT 7 ZT 0 T 0 H 0 Z 0 E

= 100000 + 70000 + 0 + 0 + 0 + 0 = 170000

c)

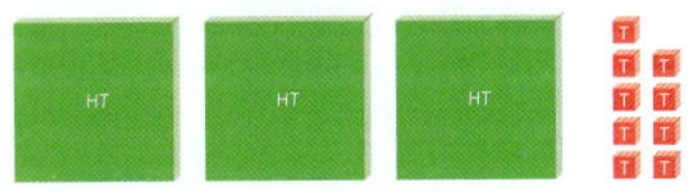

3 HT 0 ZT 9 T 0 H 0 Z 0 E

= 300000 + 0 + 9000 + 0 + 0 + 0 = 309000

d)

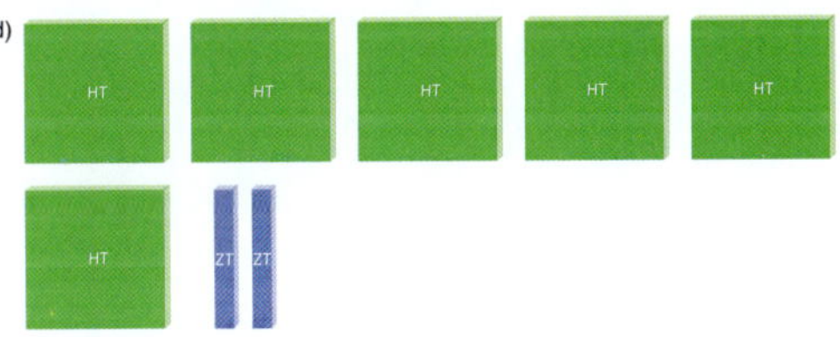

6 HT 2 ZT 0 T 0 H 0 Z 0 E

= 600000 + 20000 + 0 + 0 + 0 + 0 = 620000

1 Schreibe mit allen Stellenwerten, als Additionsaufgabe und als Zahl.

a)

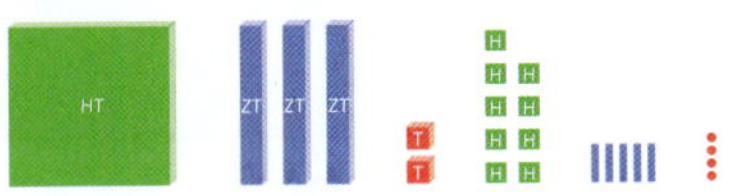

1 HT 3 ZT 2 T 9 H 5 Z 4 E

= 100000 + 30000 + 2000 + 900 + 50 + 4 = 132954

b)

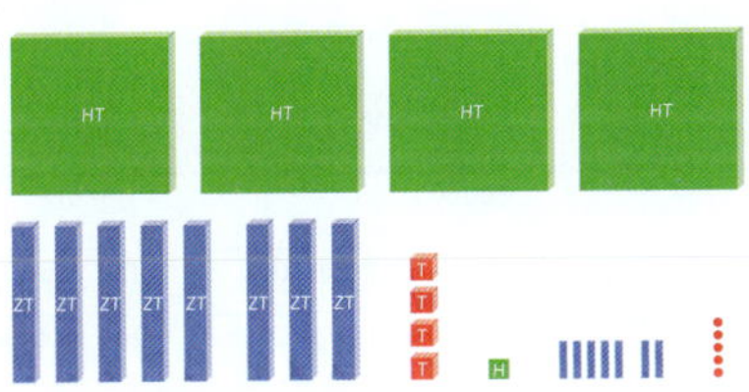

4 HT 8 ZT 4 T 1 H 7 Z 5 E

= 400000 + 80000 + 4000 + 100 + 70 + 5 = 484175

c)

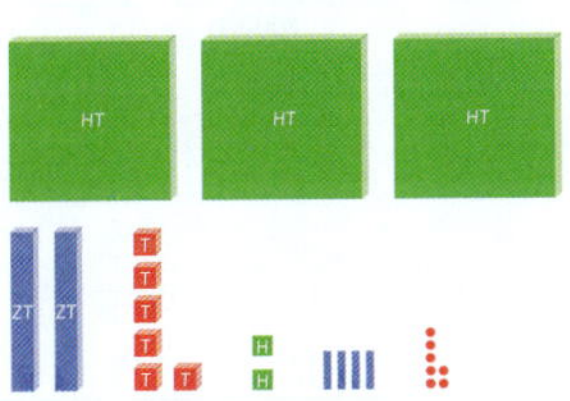

3 HT 2 ZT 6 T 2 H 4 Z 7 E

= 300000 + 20000 + 5000 + 200 + 50 + 7 = 326257

1 Schreibe mit allen Stellenwerten, als Additionsaufgabe und als Zahl.

a)

2 HT 5 ZT 0 T 0 H 3 Z 0 E

= 200000 + 50000 + 0 + 0 + 30 + 0 = 250030

b)

1 HT 0 ZT 7 T 8 H 0 Z 9 E

= 100000 + 0 + 7000 + 800 + 0 + 9 = 107809

c)

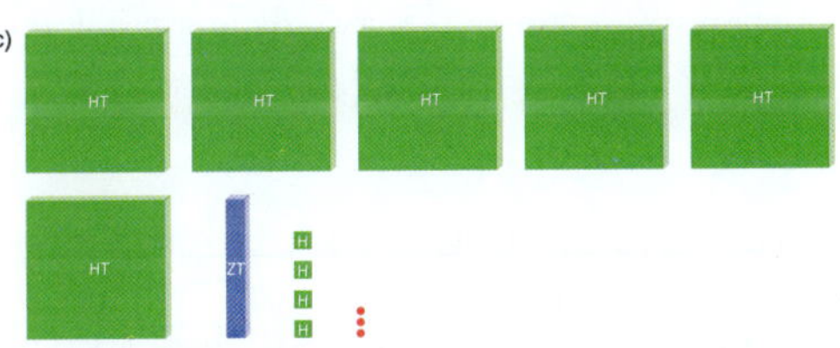

6 HT 1 ZT 0 T 4 H 0 Z 3 E

= 600000 + 10000 + 0 + 400 + 0 + 3 = 610403

d)

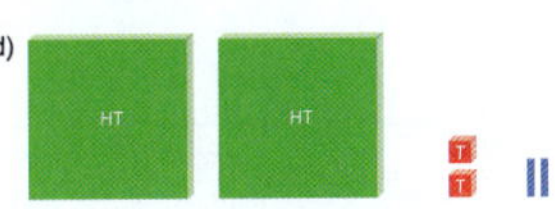

2 HT 0 ZT 2 T 0 H 2 Z 0 E

= 200000 + 0 + 2000 + 0 + 20 + 0 = 202020

Zahlen bis 1 000 000 darstellen

1 Schreibe als Additionsaufgabe und als Zahl. Achte auf die Nullen am Ende.

a)

M	HT	ZT	T	H	Z	E
	7	1	4	0	0	0

700 000 + 10 000 + 4 000 + 0 + 0 + 0 = 714 000

b)

M	HT	ZT	T	H	Z	E
	2	8	3	0	0	0

200 000 + 80 000 + 3 000 + 0 + 0 + 0 = 283 000

c)

M	HT	ZT	T	H	Z	E
	5	2	9	0	0	0

500 000 + 20 000 + 9 000 + 0 + 0 + 0 = 529 000

2 Schreibe als Additionsaufgabe und als Zahl. Achte auf die Nullen.

a)

M	HT	ZT	T	H	Z	E
	9	0	5	3	2	0

900 000 + 0 + 5 000 + 300 + 20 + 0 = 905 320

b)

M	HT	ZT	T	H	Z	E
	4	6	0	1	0	7

400 000 + 60 000 + 0 + 100 + 0 + 7 = 460 107

c)

M	HT	ZT	T	H	Z	E
	6	3	8	0	5	0

600 000 + 30 000 + 8 000 + 0 + 50 + 0 = 638 050

d)

M	HT	ZT	T	H	Z	E
1	0	1	0	1	0	1

1 000 000 + 0 + 10 000 + 0 + 100 + 0 + 1 = 1 010 101

Zahlen bis 1 000 000 darstellen

1 Schreibe immer auf zwei andere Arten:

a) als Additionsaufgabe und als Zahl.

3 HT 7 ZT 4 T 1 H 2 Z 5 E
= 300 000 + 70 000 + 4 000 + 100 + 20 + 5 = 374 125

6 HT 5 ZT 6 H 8 Z 1 E
= 600 000 + 50 000 + 0 + 600 + 80 + 1 = 650 681

4 ZT 3 T 7 Z 6 E
= 40 000 + 3 000 + 0 + 70 + 6 = 43 076

8 HT 2 H 5 Z
= 800 000 + 0 + 0 + 200 + 50 + 0 = 800 250

b) mit Stellenwerten und als Additionsaufgabe.

162 709 = 1 HT 6 ZT 2 T 7 H 0 Z 9 E
= 100 000 + 60 000 + 2 000 + 700 + 0 + 9

705 034 = 7 HT 0 ZT 5 T 0 H 3 Z 4 E
= 700 000 + 0 + 5 000 + 0 + 30 + 4

580 620 = 5 HT 8 ZT 0 T 6 H 2 Z 0 E
= 500 000 + 80 000 + 0 + 600 + 20 + 0

231 578 = 2 HT 3 ZT 1 T 5 H 7 Z 8 E
= 200 000 + 30 000 + 1 000 + 500 + 70 + 8

c) als Zahl und in der Tabelle.

900 000 + 80 000 + 100 + 30 + 6
= 980 136 =

M	HT	ZT	T	H	Z	E
	9	8	0	1	3	6

400 000 + 5 000 + 70 + 2
= 405 072 =

M	HT	ZT	T	H	Z	E
	4	0	5	0	7	2

600 000 + 400 + 50
= 600 450 =

M	HT	ZT	T	H	Z	E
	6	0	0	4	5	0

300 000 + 3 000 + 3
= 303 003 =

M	HT	ZT	T	H	Z	E
	3	0	3	0	0	3

Zahlen bis 1 000 000 am Zahlenstrahl

1 Schreibe die Hunderttausenderzahlen an den Zahlenstrahl.

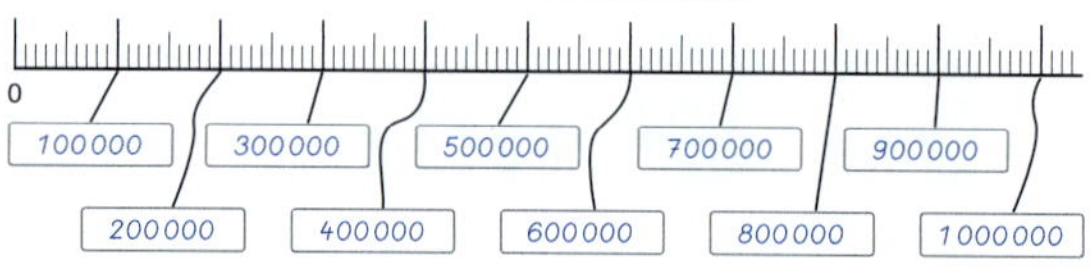

2 Verbinde die Zahlen mit der richtigen Stelle am Zahlenstrahl.

a)

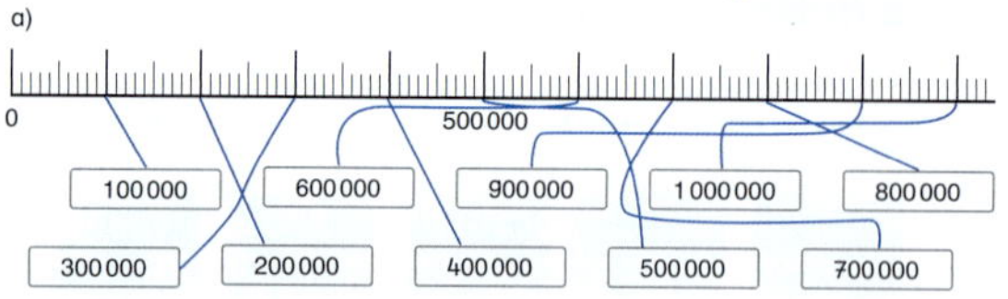

b)

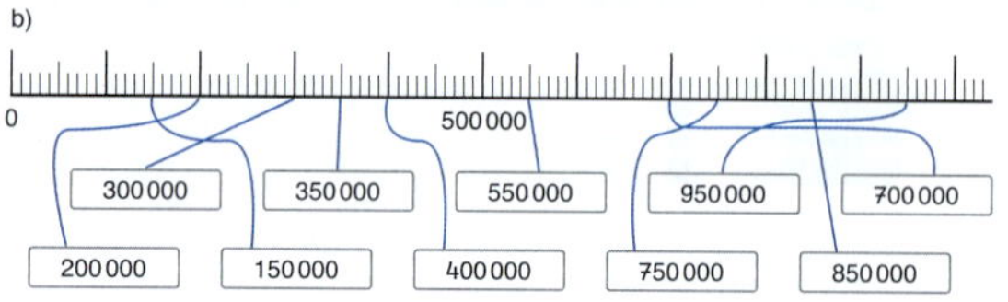

c)

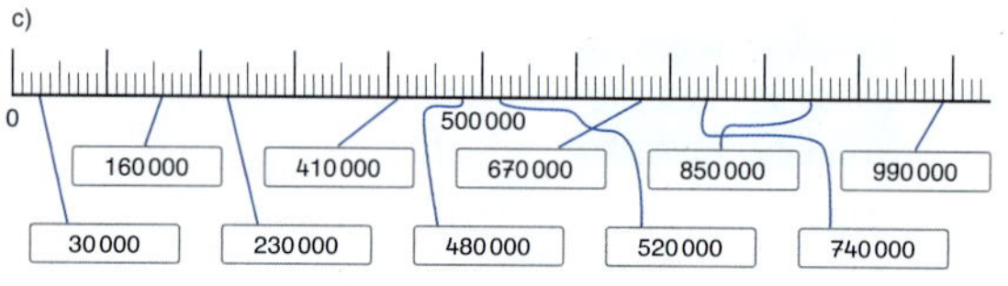

Zahlen bis 1 000 000 am Zahlenstrahl

1 Welche Zahlen gehören zu den Buchstaben? Schreibe.

a)

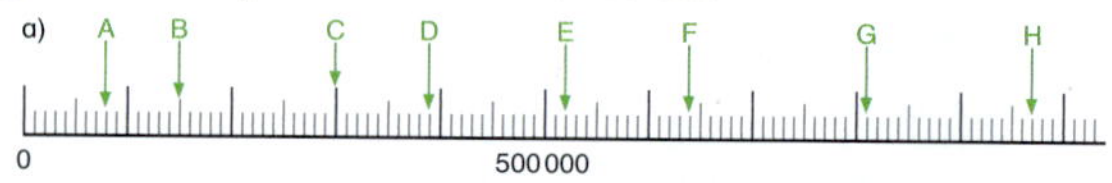

A: 80 000 B: 150 000 C: 300 000 D: 390 000
E: 520 000 F: 640 000 G: 810 000 H: 970 000

b)

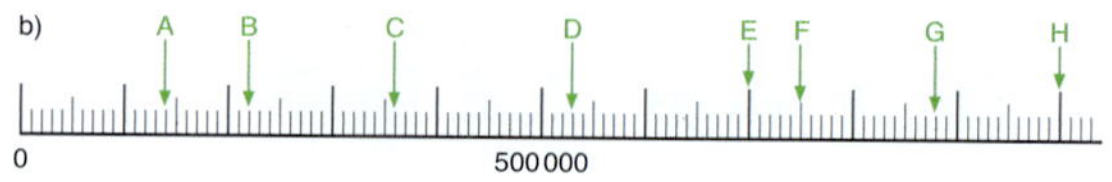

A: 140 000 B: 220 000 C: 360 000 D: 530 000
E: 700 000 F: 750 000 G: 880 000 H: 1 000 000

c)

A: 50 000 B: 170 000 C: 290 000 D: 340 000
E: 500 000 F: 610 000 G: 670 000 H: 850 000

d)

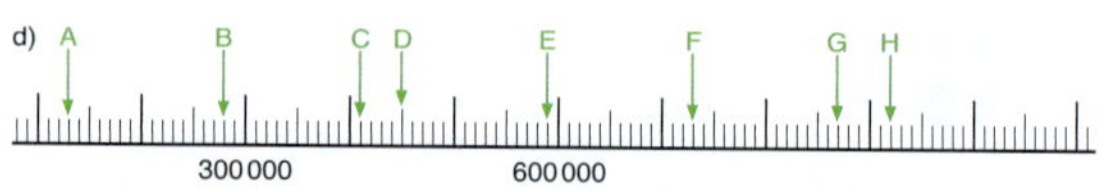

A: 130 000 B: 280 000 C: 410 000 D: 450 000
E: 590 000 F: 730 000 G: 870 000 H: 920 000

Nachbarzahlen bis 1 000 000

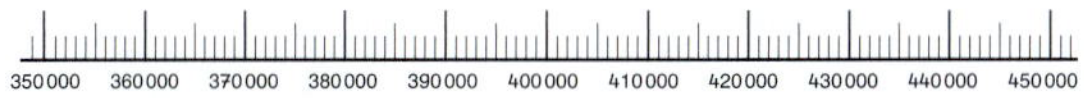

1 Schreibe zu jeder Zahl die Nachbarzehntausender (NZT) auf. Der Zahlenstrahl hilft dir.

NZT	Zahl	NZT
360000	365 000	370000
390000	391 000	400000
370000	374 000	380000
340000	347 000	350000

NZT	Zahl	NZT
430000	432 000	440000
400000	408 000	410000
450000	454 000	460000
410000	419 000	420000

2 Schreibe zu jeder Zahl die Nachbarzehntausender (NZT) auf.

a)

NZT	Zahl	NZT
830000	832 700	840000
140000	146 300	150000
550000	559 600	560000
970000	974 200	980000

NZT	Zahl	NZT
410000	415 900	420000
760000	768 100	770000
380000	381 500	390000
620000	627 800	630000

b)

NZT	Zahl	NZT
220000	225 980	230000
690000	698 310	700000
740000	741 630	750000
930000	932 740	940000

NZT	Zahl	NZT
160000	161 926	170000
520000	528 352	530000
830000	835 419	840000
350000	352 598	360000

* **3** Finde passende Zahlen zu den Nachbarzehntausendern (NZT).

NZT	Zahl	NZT
230 000	235000	240 000
810 000	815000	820 000
580 000	585000	590 000
140 000	145000	150 000

NZT	Zahl	NZT
470 000	471000	480 000
920 000	922000	930 000
390 000	399000	400 000
650 000	654000	660 000

Nachbarzahlen bis 1 000 000

1 Schreibe zu jeder Zahl die Nachbarhunderttausender (NHT) auf.

a)

NHT	Zahl	NHT
200000	270 000	300000
600000	630 000	700000
900000	960 000	1000000
400000	420 000	500000

NHT	Zahl	NHT
500000	590 000	600000
800000	810 000	900000
100000	150 000	200000
700000	780 000	800000

b)

NHT	Zahl	NHT
300000	365 200	400000
100000	174 300	200000
900000	931 800	1000000
500000	547 900	600000

NHT	Zahl	NHT
400000	482 750	500000
700000	708 925	800000
200000	254 160	300000
600000	679 542	700000

* **2** Finde passende Zahlen zu den Nachbarhunderttausendern (NHT).

NHT	Zahl	NHT
200 000	210000	300 000
700 000	720000	800 000
500 000	530000	600 000
900 000	940000	1 000 000

NHT	Zahl	NHT
400 000	450000	500 000
800 000	860000	900 000
300 000	370000	400 000
100 000	180000	200 000

3 Schreibe zu jeder Zahl die Nachbarzehntausender (NZT) und die Nachbarhunderttausender (NHT) auf.

NHT	NZT	Zahl	NZT	NHT
700000	720000	725 700	730000	800000
100000	150000	150 100	160000	200000
500000	590000	599 900	600000	600000
800000	840000	840 070	850000	900000
200000	290000	297 340	300000	300000
400000	420000	426 280	430000	500000
700000	760000	762 693	770000	800000
900000	950000	954 815	960000	1000000

Zahlen runden

Runden zum Zehntausender:
Der Tausender entscheidet.
354 826 ≈ 350 000
359 826 ≈ 360 000

Runden zum Hunderttausender:
Der Zehntausender entscheidet.
324 826 ≈ 300 000
354 826 ≈ 400 000

1 Unterstreiche die Zehntausenderstelle und runde.

528 000 ≈ 530000	163 500 ≈ 160000	991 888 ≈ 990000
371 000 ≈ 370000	810 300 ≈ 810000	427 251 ≈ 430000
445 000 ≈ 450000	259 000 ≈ 260000	174 403 ≈ 170000
792 000 ≈ 790000	636 900 ≈ 640000	545 794 ≈ 550000

2 Runde zum Zehntausender.

864 000 ≈ 860000	592 700 ≈ 590000	609 811 ≈ 610000
135 000 ≈ 140000	913 000 ≈ 910000	274 548 ≈ 270000
477 000 ≈ 480000	358 900 ≈ 360000	715 274 ≈ 720000
721 000 ≈ 720000	226 100 ≈ 230000	482 607 ≈ 480000

3 Unterstreiche die Hunderttausenderstelle und runde.

528 000 ≈ 500000	163 500 ≈ 200000	991 888 ≈ 1000000
371 000 ≈ 400000	810 300 ≈ 800000	427 251 ≈ 400000
445 000 ≈ 400000	259 000 ≈ 300000	174 403 ≈ 200000
792 000 ≈ 800000	636 900 ≈ 600000	545 794 ≈ 500000

4 Runde zum Hunderttausender.

864 000 ≈ 900000	592 700 ≈ 600000	609 811 ≈ 600000
135 000 ≈ 100000	913 000 ≈ 900000	274 548 ≈ 300000
477 000 ≈ 500000	358 900 ≈ 400000	715 274 ≈ 700000
681 000 ≈ 700000	226 100 ≈ 200000	532 607 ≈ 500000

Zahlen runden

1 Welche gerundeten Zahlen passen? Kreise mit der gleichen Farbe ein. Manche Zahlen haben mehrere Farben.

a) 982 524 | 941 730 | 936 285 | 976 417

900 000 | 980 000 | 1 000 000 | 936 000 | 940 000 | 983 000 | 976 000 | 942 000

b) 328 516 | 370 925 | 367 852 | 333 777

368 000 | 400 000 | 330 000 | 329 000 | 334 000 | 300 000 | 370 000 | 371 000

2 Unterstreiche den höchsten Stellenwert und runde.

a)

428 735 ≈ 400000	55 555 ≈ 60000	206 493 ≈ 200000
3 926 ≈ 4000	832 811 ≈ 800000	752 156 ≈ 800000
175 362 ≈ 200000	997 147 ≈ 1000000	61 520 ≈ 60000
81 584 ≈ 80000	14 638 ≈ 10000	487 973 ≈ 500000

b)

716 273 ≈ 700000	816 ≈ 800	47 192 ≈ 50000
253 ≈ 300	628 059 ≈ 600000	920 748 ≈ 900000
9 601 ≈ 10000	863 420 ≈ 900000	52 ≈ 50
147 987 ≈ 100000	27 364 ≈ 30000	361 537 ≈ 400000

Zahlenfolgen am Zahlenstrahl

1 Zähle in Schritten. Zeichne Pfeile und schreibe mindestens 8 Zahlen auf. Achte auf die Startzahl.

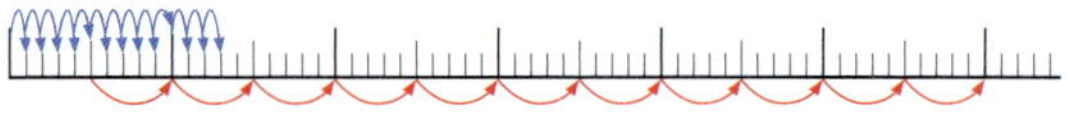

10 000er-Schritte: 0, 10 000, 20 000, 30 000, 40 000, 50 000, 60 000, 70 000, 80 000, 90 000, 100 000, 110 000, 120 000, 130 000

50 000er-Schritte: 50 000, 100 000, 150 000, 200 000, 250 000, 300 000, 350 000, 400 000, 450 000, 500 000, 550 000, 600 000

2 Zähle rückwärts in Schritten. Zeichne Pfeile und schreibe mindestens 8 Zahlen auf. Achte auf die Startzahl.

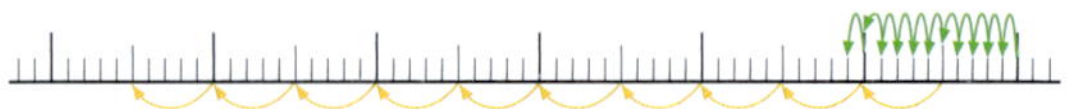

10 000er-Schritte: 100 000, 990 000, 980 000, 970 000, 960 000, 950 000, 940 000, 930 000, 920 000, 910 000, 900 000, 890 000

50 000er-Schritte: 950 000, 900 000, 850 000, 800 000, 750 000, 700 000, 750 000, 650 000, 600 000, 550 000, 500 000, 450 000

3 Zähle in Schritten. Der Zahlenstrahl hilft dir.

immer + 80 000	80 000, 160 000, 240 000, 320 000, 400 000, 480 000
immer + 30 000	150 000, 180 000, 210 000, 240 000, 270 000, 300 000
immer – 20 000	970 000, 950 000, 930 000, 910 000, 890 000, 870 000
immer – 50 000	910 000, 860 000, 810 000, 760 000, 710 000, 660 000

Zahlenfolgen am Zahlenstrahl

1 Zähle in Schritten. Zeichne Pfeile und schreibe mindestens 8 Zahlen auf. Achte auf die Startzahl.

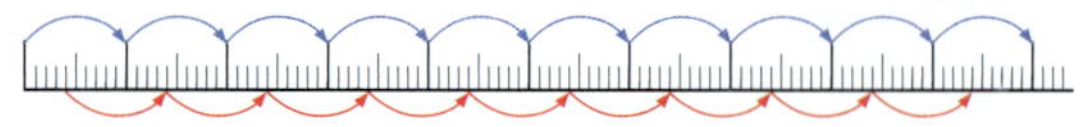

100 000er-Schritte: 0, 100 000, 200 000, 300 000, 400 000, 500 000, 600 000, 700 000, 800 000, 900 000, 1 000 000

100 000er-Schritte: 40 000, 140 000, 240 000, 340 000, 440 000, 540 000, 640 000, 740 000, 840 000, 940 000

2 Zähle rückwärts in Schritten. Zeichne Pfeile und schreibe mindestens 8 Zahlen auf. Achte auf die Startzahl.

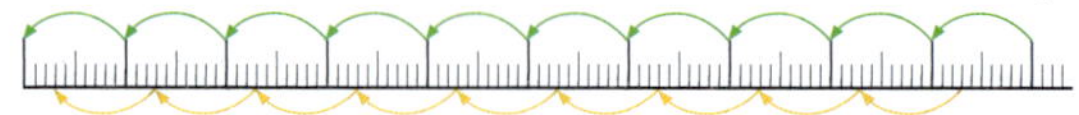

100 000er-Schritte: 1 000 000, 900 000, 800 000, 700 000, 600 000, 500 000, 400 000, 300 000, 200 000, 100 000, 0

100 000er-Schritte: 930 000, 830 000, 730 000, 630 000, 530 000, 430 000, 330 000, 230 000, 130 000, 30 000

3 Zähle in Schritten. Der Zahlenstrahl hilft dir.

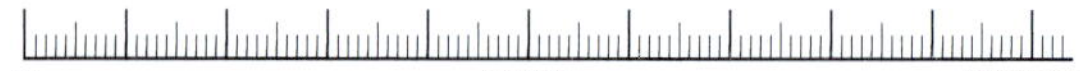

immer + 130 000	20 000, 150 000, 280 000, 410 000, 540 000, 670 000
immer + 280 000	70 000, 350 000, 630 000, 910 000
immer – 150 000	980 000, 830 000, 680 000, 530 000, 380 000, 230 000
immer – 210 000	950 000, 740 000, 530 000, 320 000, 110 000

Addieren bis 1 000 000

1 Addiere.

a) 3 000 + 2 000 = 5 000
30 000 + 20 000 = 50 000
300 000 + 200 000 = 500 000

b) 5 000 + 1 000 = 6 000
50 000 + 10 000 = 60 000
500 000 + 100 000 = 600 000

c) 7 000 + 3 000 = 10 000
70 000 + 30 000 = 100 000
700 000 + 300 000 = 1 000 000

d) 2 000 + 6 000 = 8 000
20 000 + 60 000 = 80 000
200 000 + 600 000 = 800 000

e) 1 000 + 8 000 = 9 000
10 000 + 80 000 = 90 000
100 000 + 800 000 = 900 000

f) 3 000 + 4 000 = 7 000
30 000 + 40 000 = 70 000
300 000 + 400 000 = 700 000

2 Addiere. Beachte die unterschiedlichen Stellen.

a) 40 000 + 3 000 = 43 000
40 000 + 300 = 40 300
40 000 + 30 = 40 030

b) 70 000 + 7 000 = 77 000
70 000 + 700 = 70 700
70 000 + 70 = 70 070

c) 500 000 + 90 000 = 590 000
500 000 + 9 000 = 509 000
500 000 + 900 = 500 900

d) 100 000 + 80 000 = 180 000
100 000 + 8 000 = 108 000
100 000 + 800 = 100 800

e) 600 000 + 60 000 = 660 000
600 000 + 6 000 = 606 000
600 000 + 600 = 600 600

f) 300 000 + 10 000 = 310 000
300 000 + 1 000 = 301 000
300 000 + 100 = 300 100

3 Immer 3 Karten ergeben eine Additionsaufgabe mit Lösung. Male sie mit der gleichen Farbe an.

9 000 | + 400 | 90 000 | + 4 000
+ 40 | = 94 000 | 900 000 | = 9 040 | = 900 400

Addieren bis 1 000 000

1 Addiere.

a) 35 + 30 = 65
35 + 300 = 335
35 + 3 000 = 3 035
35 + 30 000 = 30 035

b) 76 + 20 = 96
76 + 200 = 276
76 + 2 000 = 2 076
76 + 20 000 = 20 076

c) 248 + 100 = 348
248 + 1 000 = 1 248
248 + 10 000 = 10 248
248 + 100 000 = 100 248

d) 121 + 600 = 721
121 + 6 000 = 6 121
121 + 60 000 = 60 121
121 + 600 000 = 600 121

2 Ergänze.

a) 23 + 50 = 73
23 + 500 = 523
23 + 5 000 = 5 023
23 + 50 000 = 50 023

b) 32 + 70 = 102
32 + 700 = 732
32 + 7 000 = 7 032
32 + 70 000 = 70 032

c) 169 + 200 = 369
169 + 2 000 = 2 169
169 + 20 000 = 20 169
169 + 200 000 = 200 169

d) 475 + 400 = 875
475 + 4 000 = 4 475
475 + 40 000 = 40 475
475 + 400 000 = 400 475

3 Ergänze.

Achtung: Hier geht es durcheinander!

a) 57 + 4 000 = 4 057
57 + 40 = 97
57 + 400 000 = 400 057

b) 19 + 70 000 = 70 019
19 + 700 = 719
19 + 70 = 89

c) 563 + 10 = 573
563 + 10 000 = 10 563
563 + 100 = 663

d) 333 + 300 000 = 300 333
333 + 300 = 633
333 + 3 000 = 3 333

Addieren bis 1 000 000

1 Addiere halbschriftlich.

a) 345000 + 38000 = 383000
345000 + 30000 = 375000
375000 + 8000 = 383000

b) 519000 + 42000 = 561000
519000 + 40000 = 559000
559000 + 2000 = 561000

c) 136000 + 27000 = 163000
136000 + 20000 = 156000
156000 + 7000 = 163000

d) 623000 + 56000 = 679000
623000 + 50000 = 673000
673000 + 6000 = 679000

e) 707000 + 84000 = 791000
707000 + 80000 = 787000
787000 + 4000 = 791000

f) 931000 + 69000 = 1000000
931000 + 60000 = 991000
991000 + 9000 = 1000000

2 Addiere halbschriftlich. Male die Lösungszahlen unten an.

a) 462300 + 25400 = 487700
462300 + 20000 = 482300
482300 + 5000 = 487300
487300 + 400 = 487700

b) 285600 + 17200 = 302800
285600 + 10000 = 295600
295600 + 7000 = 302600
302600 + 200 = 302800

c) 836500 + 57800 = 894300
836500 + 50000 = 886500
886500 + 7000 = 893500
893500 + 800 = 894300

d) 749600 + 32900 = 782500
749600 + 30000 = 779600
779600 + 2000 = 781600
781600 + 900 = 782500

e) 506700 + 78300 = 585000
506700 + 70000 = 576700
576700 + 8000 = 584700
584700 + 300 = 585000

f) 618400 + 82600 = 701000
618400 + 80000 = 698400
698400 + 2000 = 700400
700400 + 600 = 701000

782500 | 364100 | 302800
701000 | 487700 | 894300 | 585000

Addieren bis 1 000 000

1 Addiere im Kopf.

a) 672300 + 210000 = 882300
146500 + 520000 = 666500
405200 + 480000 = 885200
528100 + 360000 = 888100

b) 383000 + 611240 = 994240
827000 + 152980 = 979980
634000 + 265999 = 899999
186000 + 712006 = 898006

2 Immer zwei Zahlen ergeben zusammen eine Million. Male sie mit der gleichen Farbe an.

461000 | 184000 | 675000 | 751000
325000 | 249000 | 816000 | 539000

3 Ergänze.

a) 367000 + 33000 = 400000
571000 + 29000 = 600000
715000 + 85000 = 800000
456000 + 44000 = 500000

b) 283500 + 6500 = 290000
824100 + 5900 = 830000
642800 + 7200 = 650000
118300 + 1700 = 120000

c) 465800 + 34200 = 500000
729200 + 70800 = 800000
195700 + 4300 = 200000
508600 + 91400 = 600000

d) 618170 + 1830 = 620000
259580 + 420 = 260000
801410 + 8590 = 810000
334650 + 5350 = 340000

4 Ergänze zu einer Million.

a) 100000 + 900000 = 1000000
110000 + 890000 = 1000000
111000 + 889000 = 1000000
111100 + 888900 = 1000000
111110 + 888890 = 1000000
111111 + 888889 = 1000000

b) 500000 + 500000 = 1000000
440000 + 560000 = 1000000
777000 + 223000 = 1000000
222200 + 777800 = 1000000
333330 + 666670 = 1000000
666666 + 333334 = 1000000

Subtrahieren bis 1 000 000

1 Subtrahiere.

a) 5000 − 3000 = 2000
50000 − 30000 = 20000
500000 − 300000 = 200000

b) 8000 − 4000 = 4000
80000 − 40000 = 40000
800000 − 400000 = 400000

c) 7000 − 6000 = 1000
70000 − 60000 = 10000
700000 − 600000 = 100000

d) 9000 − 6000 = 3000
90000 − 60000 = 30000
900000 − 600000 = 300000

2 Schreibe zu jeder Aufgabe zwei passende Aufgaben mit großen Zahlen.

a) 6000 − 1000 = 5000
60000 − 10000 = 50000
600000 − 100000 = 500000

b) 4000 − 2000 = 2000
40000 − 20000 = 20000
400000 − 200000 = 200000

3 Subtrahiere. Beachte die unterschiedlichen Stellen.

a) 60000 − 5000 = 55000
60000 − 500 = 59500
60000 − 50 = 59950

b) 20000 − 7000 = 13000
20000 − 700 = 19300
20000 − 70 = 19930

c) 400000 − 80000 = 320000
400000 − 8000 = 392000
400000 − 800 = 399200

d) 700000 − 40000 = 660000
700000 − 4000 = 696000
700000 − 400 = 699600

e) 500000 − 30000 = 470000
500000 − 3000 = 497000
500000 − 300 = 499700

f) 100000 − 90000 = 10000
100000 − 9000 = 91000
100000 − 900 = 99100

4 Immer 3 Karten ergeben eine Subtraktionsaufgabe. Male sie mit der gleichen Farbe an.

90000 | − 40 | 9000 | = 5000
900000 | − 4000 | − 400 | = 899600 | = 89960

Subtrahieren bis 1 000 000

1 Subtrahiere.

a) 70000 − 16000 = 54000
50000 − 24000 = 26000
80000 − 48000 = 32000
60000 − 57000 = 3000

b) 34000 − 9000 = 25000
91000 − 4000 = 87000
27000 − 8000 = 19000
43000 − 6000 = 37000

c) 400000 − 52000 = 348000
600000 − 27000 = 573000
900000 − 84000 = 816000
200000 − 69000 = 131000

d) 360000 − 145000 = 215000
580000 − 331000 = 249000
850000 − 217000 = 633000
740000 − 539000 = 201000

2 Ergänze.

a) 23245 − 20000 = 3245
23245 − 2000 = 21245
23245 − 200 = 23045
23245 − 20 = 23225

b) 67584 − 40000 = 27584
67584 − 4000 = 63584
67584 − 400 = 67184
67584 − 40 = 67544

c) 587902 − 500000 = 87902
587902 − 50000 = 537902
587902 − 5000 = 582902
587902 − 500 = 587402

d) 946357 − 300000 = 646357
946357 − 30000 = 916357
946357 − 3000 = 943357
946357 − 300 = 946057

* **3** Immer 2 Zahlen kannst du leicht im Kopf subtrahieren. Schreibe die Rechnung auf.

a) 56381 | 29468 | 51381 | 9468

56381 − 51381 = 5000
29468 − 9468 = 20000

b) 154208 | 427853 | 385364 | 194208 | 7853 | 785364

194208 − 154208 = 40000
785364 − 385364 = 400000
427853 − 7853 = 420000

* Beispiellösung

Subtrahieren bis 1 000 000

1 Subtrahiere halbschriftlich.

a) 566000 − 28000 = 538000
566000 − 20000 = 546000
546000 − 8000 = 538000

b) 251000 − 34000 = 217000
251000 − 30000 = 221000
221000 − 4000 = 217000

c) 784000 − 59000 = 725000
784000 − 50000 = 734000
734000 − 9000 = 725000

d) 462000 − 43000 = 419000
462000 − 40000 = 422000
422000 − 3000 = 419000

e) 928000 − 61000 = 867000
928000 − 60000 = 868000
868000 − 1000 = 867000

f) 105000 − 87000 = 18000
105000 − 80000 = 25000
25000 − 7000 = 18000

2 Subtrahiere halbschriftlich. Male die Lösungszahlen unten an.

a) 673500 − 46300 = 627200
673500 − 40000 = 633500
633500 − 6000 = 627500
627500 − 300 = 627200

b) 854700 − 17600 = 837100
854700 − 10000 = 844700
844700 − 7000 = 837700
837700 − 600 = 837100

c) 365100 − 39200 = 325900
365100 − 30000 = 335100
335100 − 9000 = 326100
326100 − 200 = 325900

d) 581600 − 74900 = 506700
581600 − 70000 = 511600
511600 − 4000 = 507600
507600 − 900 = 506700

e) 702400 − 63800 = 638600
702400 − 60000 = 642400
642400 − 3000 = 639400
639400 − 800 = 638600

f) 246200 − 58700 = 187500
246200 − 50000 = 196200
196200 − 8000 = 188200
188200 − 700 = 187500

325900 | 506700 | 629400
187500 | 627200 | 638600 | 837100

Subtrahieren bis 1 000 000

1 Subtrahiere im Kopf.

a) 453800 − 330000 = 123800
736200 − 520000 = 216200
285600 − 260000 = 25600
644500 − 410000 = 234500
861100 − 150000 = 711100

b) 224820 − 120000 = 104820
572260 − 340000 = 232260
395127 − 280000 = 115127
989898 − 660000 = 329898
763654 − 540000 = 223654

2 Setze die passende Zahl ein. Eine Zahl bleibt übrig.

a) ~~294000~~ | ~~567000~~ | 394000 | ~~653000~~ | ~~129000~~

1000000 − 567000 = 433000
1000000 − 129000 = 871000
1000000 − 653000 = 347000
1000000 − 294000 = 706000

b) ~~403800~~ | 999900 | ~~718500~~ | ~~888900~~ | ~~347300~~

1000000 − 718500 = 281500
1000000 − 403800 = 596200
1000000 − 347300 = 652700
1000000 − 888900 = 111100

3 Subtrahiere halbschriftlich.
Setze das Ergebnis in das erste Feld der nächsten Rechnung.

1000000 − 276000 = 724000
724000 − 348000 = 376000
376000 − 195000 = 181000
181000 − 181000 = 0

1000000 − 276000 = 724000
1000000 − 200000 = 800000
800000 − 70000 = 730000
730000 − 6000 = 724000

724000 − 348000 = 376000
724000 − 300000 = 424000
424000 − 40000 = 384000
384000 − 8000 = 376000

376000 − 195000 = 181000
376000 − 100000 = 276000
276000 − 90000 = 186000
186000 − 5000 = 181000

Schriftlich addieren

1 Addiere schriftlich. Achte auf den Übertrag.

a)

	M	HT	ZT	T	H	Z	E
		2	3	5	7	4	2
+			6	3	2	8	4
				1	1		
		2	9	9	0	2	6

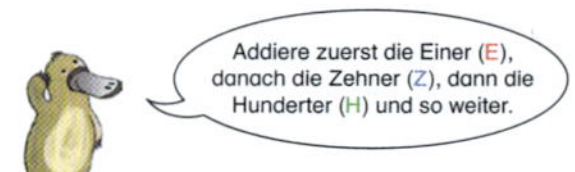

b)

	M	HT	ZT	T	H	Z	E
		5	1	9	3	0	6
+			8	2	5	1	7
		1	1			1	
		6	0	1	8	2	3

	M	HT	ZT	T	H	Z	E
		6	2	7	5	3	9
+			3	8	1	4	6
			1			1	
		6	6	5	6	8	5

c)

	M	HT	ZT	T	H	Z	E
		8	4	1	6	9	3
+			7	6	3	2	0
		1		1	1		
		9	1	8	0	1	3

	M	HT	ZT	T	H	Z	E
		1	9	4	1	8	2
+			5	0	8	2	1
		1		1	1		
		2	4	5	0	0	3

d)

	M	HT	ZT	T	H	Z	E
		3	2	7	4	6	7
+		4	9	2	8	5	6
		1	1	1	1	1	
		8	2	0	3	2	3

	M	HT	ZT	T	H	Z	E
		4	8	2	0	5	6
+		1	2	3	9	8	7
		1		1	1	1	
		6	0	6	0	4	3

e)

	M	HT	ZT	T	H	Z	E
		5	6	1	4	8	3
+		2	6	8	5	2	6
		1	1	1	1		
		8	3	0	0	0	9

	M	HT	ZT	T	H	Z	E
		1	7	4	3	5	9
+		7	5	8	0	3	5
		1	1			1	
		9	3	2	3	9	4

Schriftlich addieren

1 Schreibe stellengerecht untereinander und addiere schriftlich.

a) 283450 + 145812

	M	HT	ZT	T	H	Z	E
		2	8	3	4	5	0
+		1	4	5	8	1	2
		1		1			
		4	2	9	2	6	2

491276 + 308624

	M	HT	ZT	T	H	Z	E
		4	9	1	2	7	6
+		3	0	8	6	2	4
					1	1	
		7	9	9	9	0	0

b) 537281 + 49273

	M	HT	ZT	T	H	Z	E
		5	3	7	2	8	1
+			4	9	2	7	3
			1		1		
		5	8	6	5	5	4

395538 + 17845

	M	HT	ZT	T	H	Z	E
		3	9	5	5	3	8
+			1	7	8	4	5
		1	1	1		1	
		4	1	3	3	8	3

c) 32576 + 630897

	M	HT	ZT	T	H	Z	E
			3	2	5	7	6
+		6	3	0	8	9	7
				1	1	1	
		6	6	3	4	7	3

84613 + 859428

	M	HT	ZT	T	H	Z	E
			8	4	6	1	3
+		8	5	9	4	2	8
		1	1	1		1	
		9	4	4	0	4	1

d) 148582 + 3905

	M	HT	ZT	T	H	Z	E
		1	4	8	5	8	2
+				3	9	0	5
			1	1			
		1	5	2	4	8	7

706348 + 9462

	M	HT	ZT	T	H	Z	E
		7	0	6	3	4	8
+				9	4	6	2
			1		1	1	
		7	1	5	8	1	0

e) 8065 + 934914

	M	HT	ZT	T	H	Z	E
				8	0	6	5
+		9	3	4	9	1	4
			1				
		9	4	2	9	7	9

6582 + 658275

	M	HT	ZT	T	H	Z	E
				6	5	8	2
+		6	5	8	2	7	5
			1		1		
		6	6	4	8	5	7

1 Schreibe stellengerecht untereinander und addiere schriftlich.

a) 325 290 + 58 617

	M	HT	ZT	T	H	Z	E
		3	2	5	2	9	0
+			5	8	6	1	7
			1		1		
		3	8	3	9	0	7

b) 29 471 + 193 509

	M	HT	ZT	T	H	Z	E
			2	9	4	7	1
+		1	9	3	5	0	9
		1	1			1	
		2	2	2	9	8	0

c) 8 352 + 567 934

	M	HT	ZT	T	H	Z	E
				8	3	5	2
+		5	6	7	9	3	4
			1	1			
		5	7	6	2	8	6

2 Schreibe alle drei Zahlen stellengerecht untereinander. Addiere schriftlich.

a) 174 286 + 37 054 + 419 385

		1	7	4	2	8	6
+			3	7	0	5	4
+		4	1	9	3	8	5
		1	2		2	1	
		6	3	0	7	2	5

b) 373 876 + 36 319 + 5 248

		3	7	3	8	7	6
+			3	6	3	1	9
+				5	2	4	8
		1	1	1	1	2	
		4	1	5	4	4	3

c) 52 596 + 1 439 + 506 723

			5	2	5	9	6
+				1	4	3	9
+		5	0	6	7	2	3
			1	1	1	1	
		5	6	0	7	5	8

d) 9 316 + 835 643 + 48 902

				9	3	1	6
+		8	3	5	6	4	3
+			4	8	9	0	2
			2	1		1	
		8	9	3	8	6	1

1 Schreibe alle drei Zahlen stellengerecht untereinander. Addiere schriftlich. Schreibe die Ergebniszahlen der Größe nach auf. Achte auf das Zeichen <.

a) 62 735 + 486 607 + 6 213

			6	2	7	3	5
+		4	8	6	6	0	7
+				6	2	1	3
		1	1	1		1	
		5	5	5	5	5	5

b) 6 524 + 71 803 + 255 006

				6	5	2	4
+			7	1	8	0	3
+		2	5	5	0	0	6
		1	1	1		1	
		3	3	3	3	3	3

c) 386 845 + 49 183 + 8 416

		3	8	6	8	4	5
+			4	9	1	8	3
+				8	4	1	6
		1	2	1	1	1	
		4	4	4	4	4	4

d) 34 590 + 8 476 + 179 156

			3	4	5	9	0
+				8	4	7	6
+		1	7	9	1	5	6
		1	2	1	2	1	
		2	2	2	2	2	2

Ergebniszahlen:

222 222 < 333 333 < 444 444 < 555 555

2 Wähle die 3 Zahlen aus, die zusammen 1 000 000 ergeben. Du hast zwei Versuche.

a) 256 731 317 453 502 347 425 816

		2	5	6	7	3	1
+		3	1	7	4	5	3
+		4	2	5	8	1	6
	1	1	2	2	1	1	
	1	0	0	0	0	0	0

+							
+							

b) 305 261 326 411 332 805 361 934

		3	3	2	8	0	5
+		3	6	1	9	3	4
+		3	0	5	2	6	1
	1	1	1	2	1	1	
	1	0	0	0	0	0	0

+							
+							

Zum Zehntausender gerundet:

347 562 ≈ 350 000
482 139 ≈ 480 000

Ü: 350 000 + 480 000 = 830 000

	3	4	7	5	6	2
+	4	8	2	1	3	9
	1			1	1	
	8	2	9	7	0	1

Zum Hunderttausender gerundet:

347 562 ≈ 300 000
482 139 ≈ 500 000

Ü: 300 000 + 500 000 = 800 000

	3	4	7	5	6	2
+	4	8	2	1	3	9
	1			1	1	
	8	2	9	7	0	1

* **1** Rechne einen Überschlag. Addiere dann schriftlich und vergleiche dein Ergebnis mit dem Überschlag. Setze ein Häkchen (✓), wenn das Ergebnis stimmen kann.

a) Ü: 260 000 + 650 000 = 910 000

	2	6	1	3	7	4
+	6	4	6	8	2	5
	1		1			
	9	0	8	1	9	9

Ergebnis und Überschlag passen zusammen.
Das Ergebnis kann stimmen. ✓

b) Ü: 90 000 + 710 000 = 800 000

		8	7	9	3	6
+	7	1	4	3	2	7
	1	1	1		1	
	8	0	2	2	6	3

Ergebnis und Überschlag passen zusammen.
Das Ergebnis kann stimmen. ✓

c) Ü: 360 000 + 250 000 = 610 000

	3	5	6	8	4	0
+	2	4	9	7	9	6
	1	1	1	1		
	6	0	6	6	3	6

Ergebnis und Überschlag passen zusammen.
Das Ergebnis kann stimmen. ✓

* **1** Rechne einen Überschlag und kreuze die richtige Lösung an.

a) 723 571 + 165 293

Ü : 720 000 + 170 000 = 890 000

- ○ 788 864
- ☒ 888 864
- ○ 808 864

b) 281 389 + 536 147

Ü : 280 000 + 540 000 = 820 000

- ☒ 817 536
- ○ 717 536
- ○ 917 536

c) 438 265 + 74 814

Ü : 440 000 + 70 000 = 510 000

- ○ 503 079
- ○ 473 079
- ☒ 513 079

d) 69 052 + 851 748

Ü : 70 000 + 850 000 = 920 000

- ○ 970 800
- ☒ 920 800
- ○ 950 800

2 Immer drei Karten passen zusammen. Male sie mit der gleichen Farbe an.

832 000	+ 52 000	= 366 000
645 000	+ 98 000	= 419 000
371 000	+ 83 000	= 697 000
283 000	+ 48 000	= 930 000

Schriftlich subtrahieren

Ergänzen oder Entbündeln?
Subtrahiere mit deinem Weg.
Subtrahiere zuerst die Einer (E),
danach die Zehner (Z) und so weiter.

Ergänzen

	M	HT	ZT	T	H	Z	E
		6	0	8	2	1	4
–		3	5	3	0	6	8
		1			1	1	
		2	5	5	1	4	6

Entbündeln

	M	HT	ZT	T	H	Z	E
		5	10		1	10	14
		~~6~~	~~0~~	8	~~2~~	~~1~~	~~4~~
–		3	5	3	0	6	8
		2	5	5	1	4	6

* **1** Subtrahiere schriftlich mit deinem Weg.

a)

	M	HT	ZT	T	H	Z	E
		9	0	3	7	1	5
–		2	8	1	6	6	6
		6	2	2	0	4	9

	M	HT	ZT	T	H	Z	E
		6	9	2	7	3	8
–		3	5	7	1	4	2
		3	3	5	5	9	6

b)

	M	HT	ZT	T	H	Z	E
		6	0	4	5	8	3
–		1	9	7	2	6	9
		4	0	7	3	1	4

	M	HT	ZT	T	H	Z	E
		7	4	2	1	0	2
–		4	2	5	8	3	7
		3	1	6	2	6	5

c)

	M	HT	ZT	T	H	Z	E
	1	0	0	0	0	0	0
–		7	3	7	3	7	3
		2	6	2	6	2	7

	M	HT	ZT	T	H	Z	E
		8	5	0	4	2	5
–		2	5	5	5	5	5
		5	9	4	8	7	0

Schriftlich subtrahieren

* **1** Schreibe stellengerecht untereinander und subtrahiere schriftlich.

a) 283 456 – 145 812

	M	HT	ZT	T	H	Z	E
		2	8	3	4	5	6
–		1	4	5	8	1	2
		1	3	7	6	4	4

829 880 – 338 604

	M	HT	ZT	T	H	Z	E
		8	2	9	8	8	0
–		3	3	8	6	0	4
		4	9	1	2	7	6

b) 970 263 – 95 073

	M	HT	ZT	T	H	Z	E
		9	7	0	2	6	3
–			9	5	0	7	3
		8	7	5	1	9	0

331 206 – 47 829

	M	HT	ZT	T	H	Z	E
		3	3	1	2	0	6
–			4	7	8	2	9
		2	8	3	3	7	7

c) 630 897 – 384 962

	M	HT	ZT	T	H	Z	E
		6	3	0	8	9	7
–		3	8	4	9	6	2
		2	4	5	9	3	5

846 135 – 182 628

	M	HT	ZT	T	H	Z	E
		8	4	6	1	3	5
–		1	8	2	6	2	8
		6	6	3	5	0	7

d) 148 582 – 3 905

	M	HT	ZT	T	H	Z	E
		1	4	8	5	8	2
–				3	9	0	5
		1	4	4	6	7	7

716 358 – 81 402

	M	HT	ZT	T	H	Z	E
		7	1	6	3	5	8
–			8	1	4	0	2
		6	3	4	9	5	6

Schriftlich subtrahieren

Als Hilfe kannst du
die Stellenwerte M, HT, ZT,
T, H, Z und E eintragen.

* **1** Schreibe stellengerecht untereinander und subtrahiere schriftlich.

a) 634 781 – 89 526

	M	HT	ZT	T	H	Z	E
		6	3	4	7	8	1
–			8	9	5	2	6
		5	4	5	2	5	5

715 902 – 328 477

	M	HT	ZT	T	H	Z	E
		7	1	5	9	0	2
–		3	2	8	4	7	7
		3	8	7	4	2	5

b) 973 260 – 582 695

	M	HT	ZT	T	H	Z	E
		9	7	3	2	6	0
–		5	8	2	6	9	5
		3	9	0	5	6	5

546 039 – 78 263

	M	HT	ZT	T	H	Z	E
		5	4	6	0	3	9
–			7	8	2	6	3
		4	6	7	7	7	6

* **2** Schreibe stellengerecht untereinander und subtrahiere schriftlich.

a) 809 527 – 263 164

		8	0	9	5	2	7
–		2	6	3	1	6	4
		5	4	6	3	6	3

382 619 – 57 841

		3	8	2	6	1	9
–			5	7	8	4	1
		3	2	4	7	7	8

b) 665 544 – 66 778

		6	6	5	5	4	4
–			6	6	7	7	8
		5	9	8	7	6	6

527 496 – 430 358

		5	2	7	4	9	6
–		4	3	0	3	5	8
			9	7	1	3	8

Schriftlich subtrahieren

* ** **1** Setze die Zahlen stellengerecht in die Aufgaben ein. Subtrahiere schriftlich.

~~75 480~~ ~~927 638~~ ~~500 555~~ ~~381 254~~ ~~754 801~~ ~~92 763~~

	1	0	0	0	0	0	0
–			7	5	4	8	0
		9	2	4	5	2	0

	1	0	0	0	0	0	0
–		9	2	7	6	3	8
			7	2	3	6	2

	1	0	0	0	0	0	0
–		5	0	0	5	5	5
		4	9	9	4	4	5

	1	0	0	0	0	0	0
–		3	8	1	2	5	4
		6	1	8	7	4	6

	1	0	0	0	0	0	0
–		7	5	4	8	0	1
		2	4	5	1	9	9

	1	0	0	0	0	0	0
–			9	2	7	6	3
		9	0	7	2	3	7

*** **2** Erfinde eigene Aufgaben. Schreibe stellengerecht untereinander und subtrahiere schriftlich.

–							

–							

Schriftlich subtrahieren – Kontrolle mit Überschlag

Zum Zehntausender gerundet:

843 562 ≈ 840 000
482 139 ≈ 480 000

Ü: 840 000 – 480 000 = 360 000

	7	14			5	12
	~~8~~	~~4~~	3	5	~~6~~	~~2~~
–	4	8	2	1	3	9
	3	6	1	4	2	3

Zum Hunderttausender gerundet:

843 562 ≈ 800 000
482 139 ≈ 500 000

Ü: 800 000 – 500 000 = 300 000

	8	4	3	5	6	2
–	4	8	2	1	3	9
	1			1		
	3	6	1	4	2	3

*/** **1** Rechne einen Überschlag. Subtrahiere dann schriftlich und vergleiche dein Ergebnis mit dem Überschlag. Setze ein Häkchen (✓), wenn das Ergebnis stimmen kann.

a) Ü: *620 000 – 370 000 = 250 000*

	6	1	8	0	4	5
–	3	7	0	8	2	2
	2	*4*	*7*	*2*	*2*	*3*

Ergebnis und Überschlag passen zusammen.
Das Ergebnis kann stimmen. ✓

b) Ü: *820 000 – 390 000 = 430 000*

	8	2	0	3	2	7
–	3	9	3	4	5	6
	4	*2*	*6*	*8*	*7*	*1*

Ergebnis und Überschlag passen zusammen.
Das Ergebnis kann stimmen. ✓

c) Ü: *540 000 – 380 000 = 160 000*

	5	3	8	2	4	3
–	3	7	6	8	5	0
	1	*6*	*1*	*3*	*9*	*3*

Ergebnis und Überschlag passen zusammen.
Das Ergebnis kann stimmen. ✓

Schriftlich subtrahieren – Kontrolle mit Überschlag

* **1** Rechne einen Überschlag und kreuze die richtige Lösung an.

a) 824 591 – 165 293
Ü: *820 000 – 170 000 = 650 000*
- ○ 559 298
- ⊗ 659 298
- ○ 759 298

b) 536 389 – 281 147
Ü: *540 000 – 280 000 = 260 000*
- ○ 155 242
- ○ 355 242
- ⊗ 255 242

c) 478 265 – 24 814
Ü: *480 000 – 20 000 = 460 000*
- ⊗ 453 451
- ○ 403 451
- ○ 503 451

d) 851 748 – 69 052
Ü: *850 000 – 70 000 = 780 000*
- ⊗ 782 696
- ○ 802 696
- ○ 762 696

e) 619 372 – 154 248
Ü: *620 000 – 150 000 = 470 000*
- ○ 405 124
- ○ 505 124
- ⊗ 465 124

Sachaufgaben

Lies die Aufgabe und die Frage (F) genau. Markiere wichtige Angaben.
Finde dann einen Lösungsweg (L) und schreibe eine Antwort (A) auf.

Frage (F)
Lösungsweg (L)
Antwort (A)

1 Am Wochenende gehen viele Menschen ins Fußballstadion.

a) Im Fußballstadion des FC Bayern München gibt es genau 13 342 Stehplätze und genau 61 682 Sitzplätze.

F: Wie viele Plätze gibt es insgesamt im Stadion in München?

L:
```
  1 3 3 4 2
+ 6 1 6 8 2
    1 1
  7 5 0 2 4
```

A: *Im Stadion gibt es insgesamt 75 024 Plätze.*

* b) Das Stadion von Borussia Dortmund hat genau 81 365 Plätze.

F: Wie viele Plätze hat das Stadion von Dortmund mehr als das Stadion von München?

L:
```
  8 1 3 6 5
– 7 5 0 2 4
    6 3 4 1
```

A: *Im Stadion von Dortmund gibt es 6 341 Plätze mehr.*

* c) In Deutschland gibt es immer mehr Elektroautos. Im April des Jahres 2020 fuhren nur 136 617 Elektroautos auf den Straßen. Zwei Jahre später waren es schon 618 460 Elektroautos.

F: Wie viele Elektroautos kamen in den zwei Jahren hinzu?

L:
```
  6 1 8 4 6 0
– 1 3 6 6 1 7
  4 8 1 8 4 3
```

A: *In den zwei Jahren kamen 481 843 Elektroautos hinzu.*

Sachaufgaben

Lies die Aufgabe genau und finde eine Frage (F). Markiere wichtige Angaben.
Finde dann einen Lösungsweg (L) und schreibe eine Antwort (A) auf.

1 In Deutschland gibt es viele große Zoos, in denen die Menschen interessante Tiere beobachten und sich schöne Pflanzen anschauen können.

a) In den Zoo Wilhelma in Stuttgart kamen im August insgesamt 632 753 Leute. Im August zuvor waren es nur 556 882 Leute.

*F: *Wie viele Leute kamen in diesem Jahr mehr?*

**L:
```
  6 3 2 7 5 3
– 5 5 6 8 8 2
    7 5 8 7 1
```

A: *In diesem Jahr kamen 75 871 Leute mehr.*

b) In den Zoo in Köln kamen im August 439 165 Leute, im Zoo in Hannover waren im selben Monat 291 874 Leute. Im größten Zoo Deutschlands in Berlin waren im August 926 507 Leute.

*F: *Wie viele Leute kamen insgesamt in die drei Zoos?*

L:
```
    4 3 9 1 6 5
    2 9 1 8 7 4
  + 9 2 6 5 0 7
    1 1 1 1 1
  1 6 5 7 5 4 6
```

A: *Insgesamt kamen 1 657 546 Leute in die drei Zoos.*

c) Im Zoo Wilhelma gibt es eine Zoo-Schule, in der man viel über die Tiere und Pflanzen lernen kann. Im letzten Jahr haben 713 Schulklassen mit insgesamt 14 536 Schulkindern an den Angeboten der Zoo-Schule teilgenommen. Die 14 Betreuenden können pro Jahr höchstens 15 500 Schulkinder in der Zoo-Schule unterrichten.

*F: *Wie viele Schulkinder hätten noch kommen können?*

**L:
```
  1 5 5 0 0
– 1 4 5 3 6
      9 6 4
```

A: *Es hätten noch 964 Schulkinder kommen können.*

1 Ergänze die fehlenden Zahlen. Achte auf die Überträge.

a)

		3	5	8	0	4	6
+		5	1	4	7	2	2
			1				
		8	7	2	7	6	8

		7	2	5	9	3	4
+		1	9	4	3	5	1
		1	1	1			
		9	2	0	2	8	5

b)

		6	0	3	9	7	5
+		3	8	4	5	1	7
				1		1	
		9	8	8	4	9	2

		4	8	5	3	7	3
+		1	9	2	6	1	8
		1				1	
		6	7	7	9	9	1

c)

		5	2	9	8	9	4
+		2	7	5	1	0	1
		1	1				
		8	0	4	9	9	5

		7	8	7	8	1	0
+		1	9	5	4	6	5
		1	1	1			
		9	8	3	2	7	5

* **2** Ergänze die fehlenden Zahlen. Achte auf die Überträge.

a)

		8	5	3	7	6	9
–		6	2	8	4	5	2
		2	2	5	3	1	7

		6	2	1	9	4	0
–		2	5	8	1	0	6
		3	6	3	8	3	4

b)

		5	1	7	6	9	4
–			5	8	2	5	5
		4	5	9	4	3	9

		9	0	6	4	3	8
–		5	8	1	2	7	7
		3	2	5	1	6	1

* Der Übertrag bei der Subtraktion fehlt, weil je nach Rechenverfahren unterschiedlich einzutragen ist.

1 Rechne schriftlich. Verwende das Ergebnis für die nächste Aufgabe.
Achte auf die Rechenzeichen + und –.

		1	2	3	4	5	6
+		3	8	0	5	3	2
		1					
		5	0	3	9	8	8

		5	0	3	9	8	8
+		4	9	6	0	1	2
	1	1	1	1	1	1	
	1	0	0	0	0	0	0

*

	1	0	0	0	0	0	0
–			9	3	5	1	8
		9	0	6	4	8	2

		9	0	6	4	8	2
–		7	2	9	0	5	4
		1	7	7	4	2	8

		1	7	7	4	2	8
+		4	8	2	5	9	1
		1	1	1	1		
		6	6	0	0	1	9

		6	6	0	0	1	9
+		3	3	7	6	8	5
					1	1	
		9	9	7	7	0	4

*

		9	9	7	7	0	4
–		5	3	6	8	5	3
		4	6	0	8	5	1

		4	6	0	8	5	1
–		2	9	8	6	3	7
		1	6	2	2	1	4

		1	6	2	2	1	4
+		7	4	7	8	8	4
		1	1	1			
		9	1	0	0	9	8

		9	1	0	0	9	8
+			8	9	9	0	2
		1	1	1	1	1	
	1	0	0	0	0	0	0

Wenn du richtig gerechnet hast, dann hast du ein ganz besonderes Ergebnis am Ende.

* Der Übertrag bei der Subtraktion fehlt, weil je nach Rechenverfahren unterschiedlich einzutragen ist.

1 Rechne schriftlich. Achte auf die Rechenzeichen + und –.

		1	6	3	8	2	5	
+		4	7	1	0	3	6	
		1				1		
		6	3	4	8	6	1	chn

		3	1	6	9	3	4	
+		3	5	8	2	4	9	
			1	1		1		
		6	7	5	1	8	3	e

*

		9	5	0	4	5	6	
–		2	5	1	7	5	2	
		6	9	8	7	0	4	t

		9	5	4	7	2	8	
–		3	1	5	4	7	8	
		6	3	9	2	5	0	S

		5	8	2	3	1	7	
+			8	2	6	8	2	
		1						
		6	6	4	9	9	9	r

		4	2	8	7	1	5	
+		2	6	4	8	4	1	
			1	1				
		6	9	3	5	5	6	el

*

		8	6	6	2	9	8	
–		1	9	4	3	6	3	
		6	7	1	9	3	5	ab

		9	8	5	8	1	2	
–		3	3	7	5	3	4	
		6	4	8	2	7	8	i

2 Schreibe die Ergebniszahlen und die Lösungsbuchstaben aus Aufgabe 1 zu der passenden gerundeten Zahl. Schreibe das Lösungswort auf.

639 250	≈ 640 000	S	698 704	≈ 700 000	t
634 861	≈ 630 000	chn	648 278	≈ 650 000	i
671 935	≈ 670 000	ab	675 183	≈ 680 000	e
693 556	≈ 690 000	el	664 999	≈ 660 000	r

Lösungswort: Schnabeltier

* Der Übertrag bei der Subtraktion fehlt, weil je nach Rechenverfahren unterschiedlich einzutragen ist.

1 Welche Zahlen gehören zu den Buchstaben? Schreibe.

a)

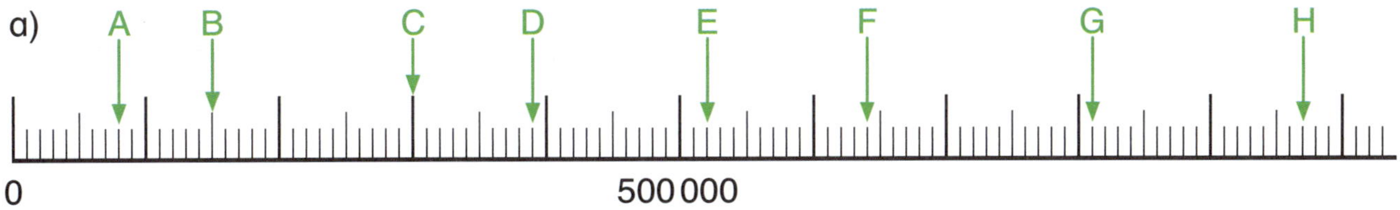

A:	B:	C:	D:
E:	F:	G:	H:

b)

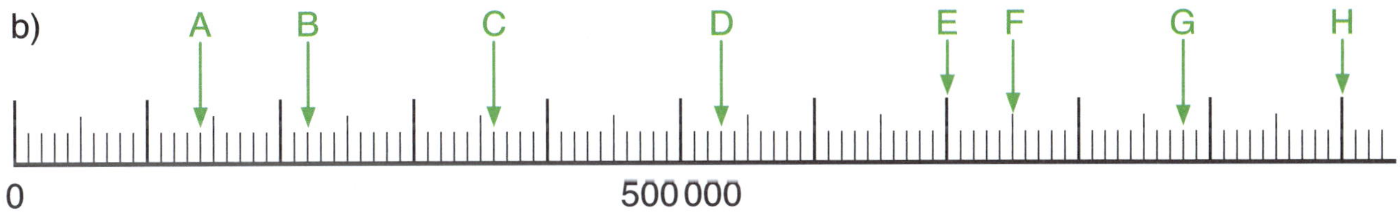

A:	B:	C:	D:
E:	F:	G:	H:

c)

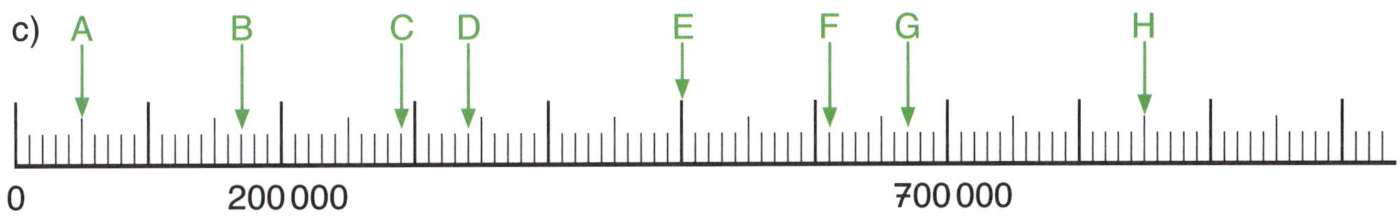

A:	B:	C:	D:
E:	F:	G:	H:

d)

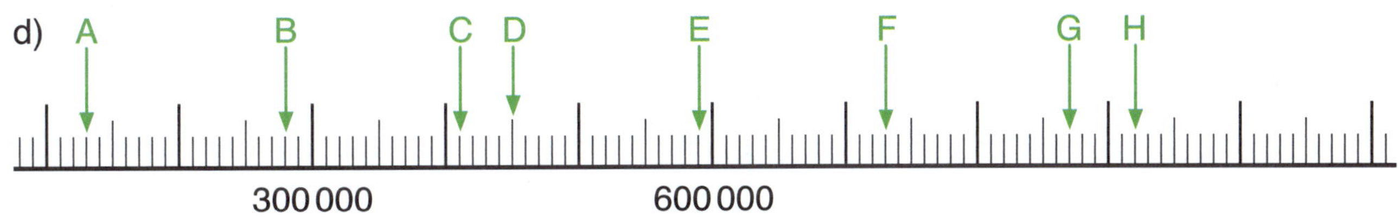

A:	B:	C:	D:
E:	F:	G:	H:

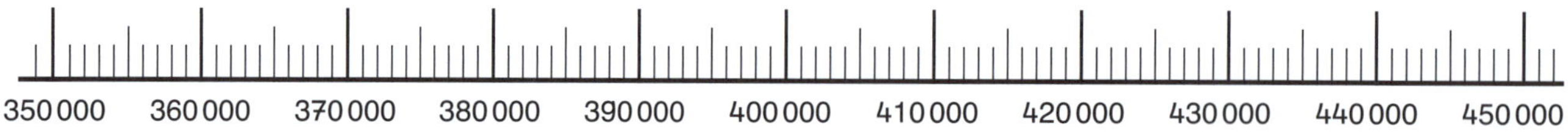

1 Schreibe zu jeder Zahl die Nachbarzehntausender (NZT) auf. Der Zahlenstrahl hilft dir.

NZT	Zahl	NZT
360000	365000	370000
	391000	
	374000	
	347000	

NZT	Zahl	NZT
	432000	
	408000	
	454000	
	419000	

2 Schreibe zu jeder Zahl die Nachbarzehntausender (NZT) auf.

a)

NZT	Zahl	NZT
	832700	
	146300	
	559600	
	974200	

NZT	Zahl	NZT
	415900	
	768100	
	381500	
	627800	

b)

NZT	Zahl	NZT
	225980	
	698310	
	741630	
	932740	

NZT	Zahl	NZT
	161926	
	528352	
	835419	
	352598	

3 Finde passende Zahlen zu den Nachbarzehntausendern (NZT).

NZT	Zahl	NZT
230000		240000
810000		820000
580000		590000
140000		150000

NZT	Zahl	NZT
470000		480000
920000		930000
390000		400000
650000		660000

1 Schreibe zu jeder Zahl die Nachbarhunderttausender (NHT) auf.

a)

NHT	Zahl	NHT
200 000	270 000	300 000
	630 000	
	960 000	
	420 000	

NHT	Zahl	NHT
	590 000	
	810 000	
	150 000	
	780 000	

b)

NHT	Zahl	NHT
	365 200	
	174 300	
	931 800	
	547 900	

NHT	Zahl	NHT
	482 750	
	708 925	
	254 160	
	679 542	

2 Finde passende Zahlen zu den Nachbarhunderttausendern (NHT).

NHT	Zahl	NHT
200 000		300 000
700 000		800 000
500 000		600 000
900 000		1 000 000

NHT	Zahl	NHT
400 000		500 000
800 000		900 000
300 000		400 000
100 000		200 000

3 Schreibe zu jeder Zahl die Nachbarzehntausender (NZT) und die Nachbarhunderttausender (NHT) auf.

NHT	NZT	Zahl	NZT	NHT
700 000	720 000	725 700	730 000	800 000
		150 100		
		599 900		
		840 070		
		297 340		
		426 280		
		762 693		
		954 815		

Runden zum <u>Zehntausender</u>:
Der Tausender entscheidet.
3<u>5</u>4 826 ≈ 350 000
3<u>5</u>9 826 ≈ 360 000

Bei 1 bis 4 wird abgerundet, bei 5 bis 9 wird aufgerundet.

Runden zum <u>Hunderttausender</u>:
Der Zehntausender entscheidet.
<u>3</u>24 826 ≈ 300 000
<u>3</u>54 826 ≈ 400 000

1 Unterstreiche die Zehntausenderstelle und runde.

5<u>2</u>8 000 ≈	530 000	163 500 ≈		991 888 ≈	
371 000 ≈		810 300 ≈		427 251 ≈	
445 000 ≈		259 000 ≈		174 403 ≈	
792 000 ≈		636 900 ≈		545 794 ≈	

2 Runde zum Zehntausender.

864 000 ≈		592 700 ≈		609 811 ≈	
135 000 ≈		913 000 ≈		274 548 ≈	
477 000 ≈		358 900 ≈		715 274 ≈	
721 000 ≈		226 100 ≈		482 607 ≈	

3 Unterstreiche die Hunderttausenderstelle und runde.

<u>5</u>28 000 ≈	500 000	163 500 ≈		991 888 ≈	
371 000 ≈		810 300 ≈		427 251 ≈	
445 000 ≈		259 000 ≈		174 403 ≈	
792 000 ≈		636 900 ≈		545 794 ≈	

4 Runde zum Hunderttausender.

864 000 ≈		592 700 ≈		609 811 ≈	
135 000 ≈		913 000 ≈		274 548 ≈	
477 000 ≈		358 900 ≈		715 274 ≈	
681 000 ≈		226 100 ≈		532 607 ≈	

1 Welche gerundeten Zahlen passen? Kreise mit der gleichen Farbe ein. Manche Zahlen haben mehrere Farben.

a) 982 524 | 941 730 | 936 285 | 976 417

900 000 | 980 000 | 1 000 000 | 936 000

940 000 | 983 000 | 976 000 | 942 000

b) 328 516 | 370 925 | 367 852 | 333 777

368 000 | 400 000 | 330 000 | 329 000

334 000 | 300 000 | 370 000 | 371 000

2 Unterstreiche den höchsten Stellenwert und runde.

a) 428 735 ≈ 400 000	55 555 ≈	206 493 ≈
3 926 ≈	832 811 ≈	752 156 ≈
175 362 ≈	997 147 ≈	61 520 ≈
81 584 ≈	14 638 ≈	487 973 ≈
b) 716 273 ≈	816 ≈	47 192 ≈
253 ≈	628 059 ≈	920 748 ≈
9 601 ≈	863 420 ≈	52 ≈
147 987 ≈	27 364 ≈	361 537 ≈

1 Zähle in Schritten. Zeichne Pfeile und schreibe mindestens 8 Zahlen auf. Achte auf die Startzahl.

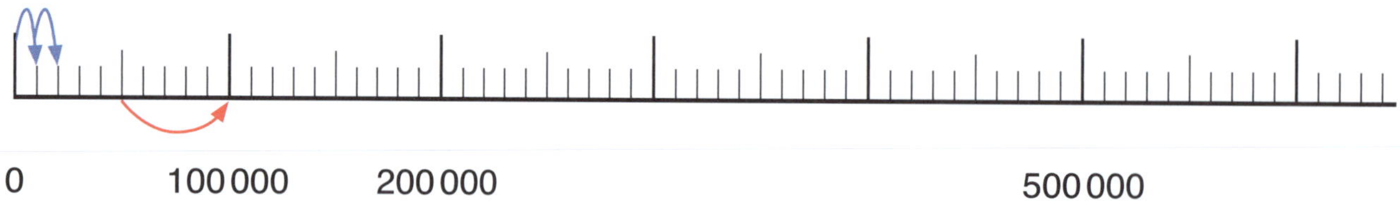

10 000er-Schritte: 0, 10 000, 20 000, ______

50 000er-Schritte: 50 000, 100 000, ______

2 Zähle rückwärts in Schritten. Zeichne Pfeile und schreibe mindestens 8 Zahlen auf. Achte auf die Startzahl.

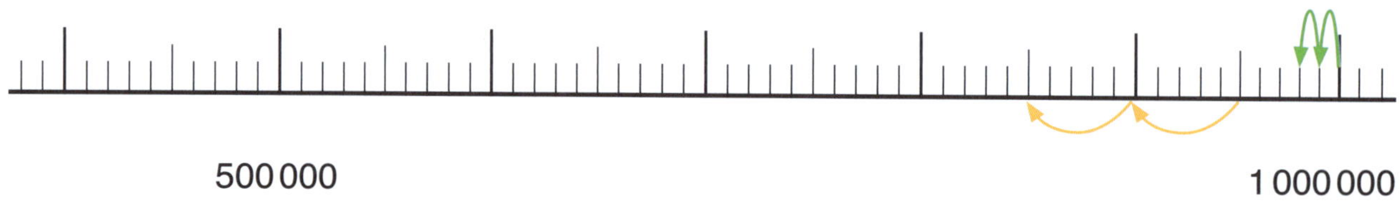

10 000er-Schritte: 1 000 000, 990 000, ______

50 000er-Schritte: 950 000, 900 000, ______

3 Zähle in Schritten. Der Zahlenstrahl hilft dir.

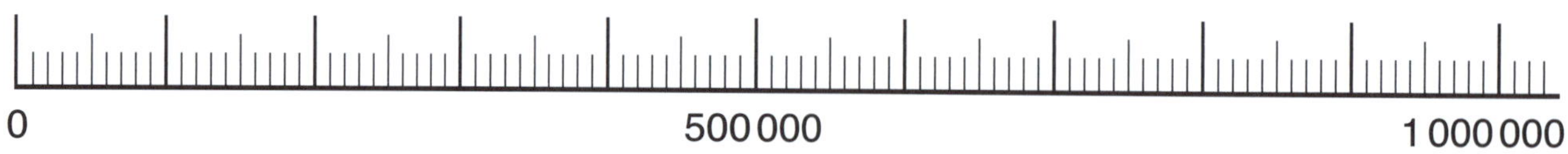

immer + 80 000	80 000, 160 000, ______
immer + 30 000	150 000, ______
immer – 20 000	970 000, ______
immer – 50 000	910 000, ______

1 Zähle in Schritten. Zeichne Pfeile und schreibe mindestens 8 Zahlen auf. Achte auf die Startzahl.

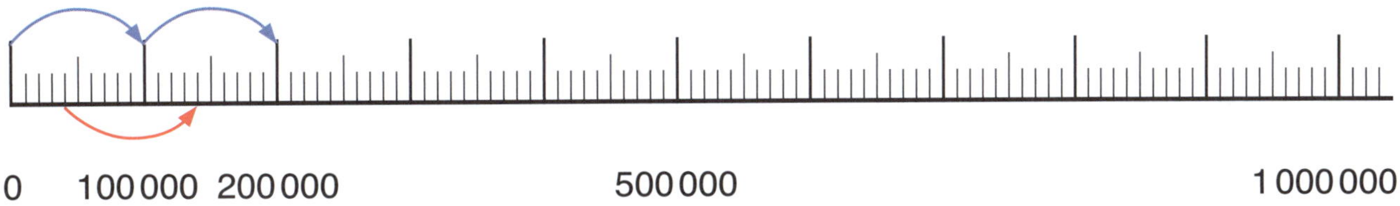

100000er-Schritte: 0, 100000, 200000

100000er-Schritte: 40000, 140000

2 Zähle rückwärts in Schritten. Zeichne Pfeile und schreibe mindestens 8 Zahlen auf. Achte auf die Startzahl.

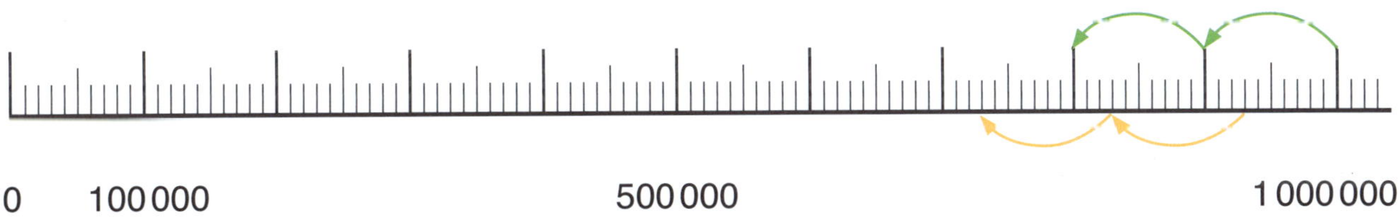

100000er-Schritte: 1000000, 900000,

100000er-Schritte: 930000, 830000,

3 Zähle in Schritten. Der Zahlenstrahl hilft dir.

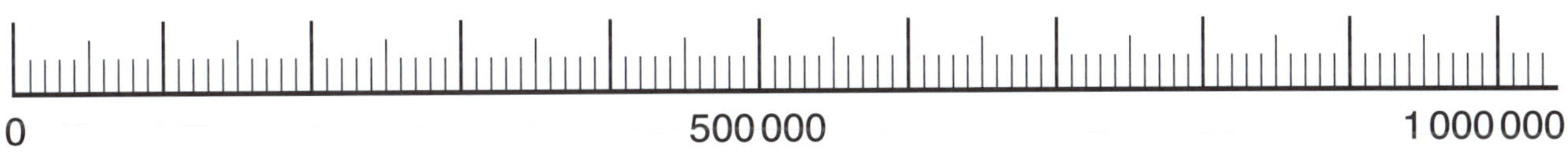

immer + 130000 | 20000,

immer + 280000 | 70000,

immer – 150000 | 980000,

immer – 210000 | 950000,

1 Addiere.

a)
3 000 + 2 000 = 5000
30 000 + 20 000 = 50 000
300 000 + 200 000 = 500 000

b)
5 000 + 1 000 = ______
50 000 + 10 000 = ______
500 000 + 100 000 = ______

c)
7 000 + 3 000 = ______
70 000 + 30 000 = ______
700 000 + 300 000 = ______

d)
2 000 + 6 000 = ______
20 000 + 60 000 = ______
200 000 + 600 000 = ______

e)
1 000 + 8 000 = ______
10 000 + 80 000 = ______
100 000 + 800 000 = ______

f)
3 000 + 4 000 = ______
30 000 + 40 000 = ______
300 000 + 400 000 = ______

2 Addiere. Beachte die unterschiedlichen Stellen.

a)
40 000 + 3 000 = 43 000
40 000 + 300 = 40 300
40 000 + 30 = 40 030

b)
70 000 + 7 000 = ______
70 000 + 700 = ______
70 000 + 70 = ______

c)
500 000 + 90 000 = ______
500 000 + 9 000 = ______
500 000 + 900 = ______

d)
100 000 + 80 000 = ______
100 000 + 8 000 = ______
100 000 + 800 = ______

e)
600 000 + 60 000 = ______
600 000 + 6 000 = ______
600 000 + 600 = ______

f)
300 000 + 10 000 = ______
300 000 + 1 000 = ______
300 000 + 100 = ______

3 Immer 3 Karten ergeben eine Additionsaufgabe mit Lösung.
Male sie mit der gleichen Farbe an.

9 000 | + 400 | 90 000 | + 4 000

+ 40 | = 94 000 | 900 000 | = 9 040 | = 900 400

1 Addiere.

a) 35 + 30 = 65
35 + 300 = 335
35 + 3000 = ___
35 + 30000 = ___

b) 76 + 20 = ___
76 + 200 = ___
76 + 2000 = ___
76 + 20000 = ___

c) 248 + 100 = ___
248 + 1000 = ___
248 + 10000 = ___
248 + 100000 = ___

d) 121 + 600 = ___
121 + 6000 = ___
121 + 60000 = ___
121 + 600000 = ___

2 Ergänze.

a) 23 + ___ = 73
23 + ___ = 523
23 + ___ = 5023
23 + ___ = 50023

b) 32 + ___ = 102
32 + ___ = 732
32 + ___ = 7032
32 + ___ = 70032

c) 169 + ___ = 369
169 + ___ = 2169
169 + ___ = 20169
169 + ___ = 200169

d) 475 + ___ = 875
475 + ___ = 4475
475 + ___ = 40475
475 + ___ = 400475

3 Ergänze.

Achtung: Hier geht es durcheinander!

a) 57 + ___ = 4057
57 + ___ = 97
57 + ___ = 400057

b) 19 + ___ = 70019
19 + ___ = 719
19 + ___ = 89

c) 563 + ___ = 573
563 + ___ = 10563
563 + ___ = 663

d) 333 + ___ = 300333
333 + ___ = 633
333 + ___ = 3333

1 Addiere halbschriftlich.

a) 345 000 + 38 000 =

+ 30 000 =

+ 8 000 =

b) 519 000 + 42 000 =

c) 136 000 + 27 000 =

d) 623 000 + 56 000 =

e) 707 000 + 84 000 =

f) 931 000 + 69 000 =

2 Addiere halbschriftlich. Male die Lösungszahlen unten an.

a) 462 300 + 25 400 =

+ 20 000 =

+ 5 000 =

+ 400 =

b) 285 600 + 17 200 =

c) 836 500 + 57 800 =

d) 749 600 + 32 900 =

e) 506 700 + 78 300 =

f) 618 400 + 82 600 =

782 500	364 100	302 800	
701 000	487 700	894 300	585 000

1 Addiere im Kopf.

a) 672 300 + 210 000 = ______

146 500 + 520 000 = ______

405 200 + 480 000 = ______

528 100 + 360 000 = ______

b) 383 000 + 611 240 = ______

827 000 + 152 980 = ______

634 000 + 265 999 = ______

186 000 + 712 006 = ______

2 Immer zwei Zahlen ergeben zusammen eine Million. Male sie mit der gleichen Farbe an.

461 000	184 000	675 000	751 000
325 000	249 000	816 000	539 000

3 Ergänze.

a) 367 000 + ______ = 400 000

571 000 + ______ = 600 000

715 000 + ______ = 800 000

456 000 + ______ = 500 000

b) 283 500 + ______ = 290 000

824 100 + ______ = 830 000

642 800 + ______ = 650 000

118 300 + ______ = 120 000

c) 465 800 + ______ = 500 000

729 200 + ______ = 800 000

195 700 + ______ = 200 000

508 600 + ______ = 600 000

d) 618 170 + ______ = 620 000

259 580 + ______ = 260 000

801 410 + ______ = 810 000

334 650 + ______ = 340 000

4 Ergänze zu einer Million.

a) 100 000 + ______ = 1 000 000

110 000 + ______ = 1 000 000

111 000 + ______ = 1 000 000

111 100 + ______ = 1 000 000

111 110 + ______ = 1 000 000

111 111 + ______ = 1 000 000

b) 500 000 + ______ = 1 000 000

440 000 + ______ = 1 000 000

777 000 + ______ = 1 000 000

222 200 + ______ = 1 000 000

333 330 + ______ = 1 000 000

666 666 + ______ = 1 000 000

1 Subtrahiere.

a) 5 000 – 3 000 = ____
50 000 – 30 000 = ____
500 000 – 300 000 = ____

b) 8 000 – 4 000 = ____
80 000 – 40 000 = ____
800 000 – 400 000 = ____

c) 7 000 – 6 000 = ____
70 000 – 60 000 = ____
700 000 – 600 000 = ____

d) 9 000 – 6 000 = ____
90 000 – 60 000 = ____
900 000 – 600 000 = ____

2 Schreibe zu jeder Aufgabe zwei passende Aufgaben mit großen Zahlen.

a) 6 000 – 1 000 = ____
60 000 – 10 000 = ____
____

b) 4 000 – 2 000 = ____
____
____

3 Subtrahiere. Beachte die unterschiedlichen Stellen.

Ich spreche alle Zahlen leise mit.

a) 60 000 – 5 000 = 55 000
60 000 – 500 = 59 500
60 000 – 50 = 59 950

b) 20 000 – 7 000 = ____
20 000 – 700 = ____
20 000 – 70 = ____

c) 400 000 – 80 000 = ____
400 000 – 8 000 = ____
400 000 – 800 = ____

d) 700 000 – 40 000 = ____
700 000 – 4 000 = ____
700 000 – 400 = ____

e) 500 000 – 30 000 = ____
500 000 – 3 000 = ____
500 000 – 300 = ____

f) 100 000 – 90 000 = ____
100 000 – 9 000 = ____
100 000 – 900 = ____

4 Immer 3 Karten ergeben eine Subtraktionsaufgabe.
Male sie mit der gleichen Farbe an.

90 000	– 40	9 000	= 5 000	
900 000	– 4 000	– 400	= 899 600	= 89 960

1 Subtrahiere.

a)
70 000 − 16 000 = ______
50 000 − 24 000 = ______
80 000 − 48 000 = ______
60 000 − 57 000 = ______

b)
34 000 − 9 000 = ______
91 000 − 4 000 = ______
27 000 − 8 000 = ______
43 000 − 6 000 = ______

c)
400 000 − 52 000 = ______
600 000 − 27 000 = ______
900 000 − 84 000 = ______
200 000 − 69 000 = ______

d)
360 000 − 145 000 = ______
580 000 − 331 000 = ______
850 000 − 217 000 = ______
740 000 − 539 000 = ______

2 Ergänze.

a)
23 245 − ______ = 3 245
23 245 − ______ = 21 245
23 245 − ______ = 23 045
23 245 − ______ = 23 225

b)
67 584 − ______ = 27 584
67 584 − ______ = 63 584
67 584 − ______ = 67 184
67 584 − ______ = 67 544

c)
587 902 − ______ = 87 902
587 902 − ______ = 537 902
587 902 − ______ = 582 902
587 902 − ______ = 587 402

d)
946 357 − ______ = 646 357
946 357 − ______ = 916 357
946 357 − ______ = 943 357
946 357 − ______ = 946 057

3 Immer 2 Zahlen kannst du leicht im Kopf subtrahieren. Schreibe die Rechnung auf.

a) 56 381 | 29 468 | 51 381 | 9 468

56 381 − 51 381 = ______

______

b) 154 208 | 427 853 | 385 364 | 194 208 | 7 853 | 785 364

______

______

______

1 Subtrahiere halbschriftlich.

a) 566 000 – 28 000 = ☐
– 20 000 =
– 8 000 =

b) 251 000 – 34 000 = ☐

c) 784 000 – 59 000 = ☐

d) 462 000 – 43 000 = ☐

e) 928 000 – 61 000 = ☐

f) 105 000 – 87 000 = ☐

2 Subtrahiere halbschriftlich. Male die Lösungszahlen unten an.

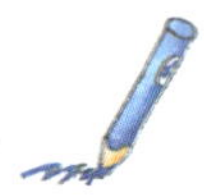

a) 673 500 – 46 300 = ☐
– 40 000 =
– 6 000 =
– 300 =

b) 854 700 – 17 600 = ☐

c) 365 100 – 39 200 = ☐

d) 581 600 – 74 900 = ☐

e) 702 400 – 63 800 = ☐

f) 246 200 – 58 700 = ☐

325 900	506 700	629 400	
187 500	627 200	638 600	837 100

1 Subtrahiere im Kopf.

a) 453 800 − 330 000 = ______

736 200 − 520 000 = ______

285 600 − 260 000 = ______

644 500 − 410 000 = ______

861 100 − 150 000 = ______

b) 224 820 − 120 000 = ______

572 260 − 340 000 = ______

395 127 − 280 000 = ______

989 898 − 660 000 = ______

763 654 − 540 000 = ______

2 Setze die passende Zahl ein. Eine Zahl bleibt übrig.

a) 294 000 | ~~567 000~~ | 394 000 | 653 000 | 129 000

1 000 000 − 567 000 = 433 000

1 000 000 − ______ = 871 000

1 000 000 − ______ = 347 000

1 000 000 − ______ = 706 000

b) 403 800 | 999 900 | 718 500 | 888 900 | 347 300

1 000 000 − ______ = 281 500

1 000 000 − ______ = 596 200

1 000 000 − ______ = 652 700

1 000 000 − ______ = 111 100

3 Subtrahiere halbschriftlich.
Setze das Ergebnis in das erste Feld der nächsten Rechnung.

1 000 000 − 276 000 = ______

______ − 348 000 = ______

______ − 195 000 = ______

______ − 181 000 = ______

1 Addiere schriftlich. Achte auf den Übertrag.

a)

	M	HT	ZT	T	H	Z	E
		2	3	5	7	4	2
+			6	3	2	8	4

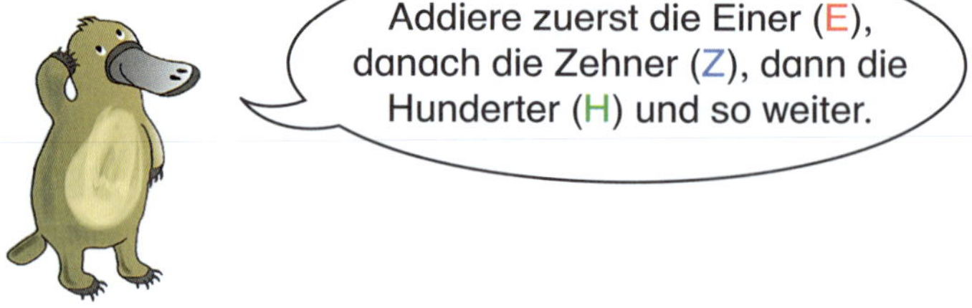

b)

	M	HT	ZT	T	H	Z	E
		5	1	9	3	0	6
+			8	2	5	1	7

	M	HT	ZT	T	H	Z	E
		6	2	7	5	3	9
+			3	8	1	4	6

c)

	M	HT	ZT	T	H	Z	E
		8	4	1	6	9	3
+			7	6	3	2	0

	M	HT	ZT	T	H	Z	E
		1	9	4	1	8	2
+			5	0	8	2	1

d)

	M	HT	ZT	T	H	Z	E
		3	2	7	4	6	7
+		4	9	2	8	5	6

	M	HT	ZT	T	H	Z	E
		4	8	2	0	5	6
+		1	2	3	9	8	7

e)

	M	HT	ZT	T	H	Z	E
		5	6	1	4	8	3
+		2	6	8	5	2	6

	M	HT	ZT	T	H	Z	E
		1	7	4	3	5	9
+		7	5	8	0	3	5

1 Schreibe stellengerecht untereinander und addiere schriftlich.

a) 283 450 + 145 812

	M	HT	ZT	T	H	Z	E
+							

491 276 + 308 624

	M	HT	ZT	T	H	Z	E
+							

b) 537 281 + 49 273

	M	HT	ZT	T	H	Z	E
+							

395 538 + 17 845

	M	HT	ZT	T	H	Z	E
+							

c) 32 576 + 630 897

	M	HT	ZT	T	H	Z	E
+							

84 613 + 859 428

	M	HT	ZT	T	H	Z	E
+							

d) 148 582 + 3 905

	M	HT	ZT	T	H	Z	E
+							

706 348 + 9 462

	M	HT	ZT	T	H	Z	E
+							

e) 8 065 + 934 914

	M	HT	ZT	T	H	Z	E
+							

6 582 + 658 275

	M	HT	ZT	T	H	Z	E
+							

1 Schreibe stellengerecht untereinander und addiere schriftlich.

a) 325 290 + 58 617

	M	HT	ZT	T	H	Z	E
		3	2	5	2	9	0
+							

b) 29 471 + 193 509

+							

c) 8 352 + 567 934

+							

2 Schreibe alle drei Zahlen stellengerecht untereinander. Addiere schriftlich.

a) 174 286 + 37 054 + 419 385

		1	7	4	2	8	6
+							
+							

b) 373 876 + 36 319 + 5 248

+							
+							

c) 52 596 + 1 439 + 506 723

+							
+							

d) 9 316 + 835 643 + 48 902

+							
+							

1 Schreibe alle drei Zahlen stellengerecht untereinander. Addiere schriftlich. Schreibe die Ergebniszahlen der Größe nach auf. Achte auf das Zeichen <.

a) 62 735 + 486 607 + 6 213

			6	2	7	3	5
+							
+							

b) 6 524 + 71 803 + 255 006

+							
+							

c) 386 845 + 49 183 + 8 416

+							
+							

d) 34 590 + 8 476 + 179 156

+							
+							

Ergebniszahlen:

_______ < _______ < _______ < _______

2 Wähle die 3 Zahlen aus, die zusammen 1 000 000 ergeben. Du hast zwei Versuche.

a) 256 731   317 453   502 347   425 816

+							
+							

+							
+							

Mein Tipp: Addiere im Kopf die Einer (E).

b) 305 261   326 411   332 805   361 934

+							
+							

+							
+							

Zum Zehntausender gerundet:

347 562 ≈ 350 000
482 139 ≈ 480 000

Ü: 350 000 + 480 000 = 830 000

	3	4	7	5	6	2
+	4	8	2	1	3	9
	1			1	1	
	8	2	9	7	0	1

Zum Hunderttausender gerundet:

347 562 ≈ 300 000
482 139 ≈ 500 000

Ü: 300 000 + 500 000 = 800 000

	3	4	7	5	6	2
+	4	8	2	1	3	9
	1			1	1	
	8	2	9	7	0	1

1 Rechne einen Überschlag. Addiere dann schriftlich und vergleiche dein Ergebnis mit dem Überschlag. Setze ein Häkchen (✓), wenn das Ergebnis stimmen kann.

a) Ü: 260 000 + 650 000 = ______

	2	6	1	3	7	4
+	6	4	6	8	2	5

Ergebnis und Überschlag passen zusammen.
Das Ergebnis kann stimmen. ◯

b) Ü: ______

		8	7	9	3	6
+	7	1	4	3	2	7

Ergebnis und Überschlag passen zusammen.
Das Ergebnis kann stimmen. ◯

c) Ü: ______

	3	5	6	8	4	0
+	2	4	9	7	9	6

Ergebnis und Überschlag passen zusammen.
Das Ergebnis kann stimmen. ◯

Schriftlich addieren – Kontrolle mit Überschlag

1 Rechne einen Überschlag und kreuze die richtige Lösung an.

a) 723 571 + 165 293

Ü : ______________________

◯ 788 864
◯ 888 864
◯ 808 864

b) 281 389 + 536 147

Ü : ______________________

◯ 817 536
◯ 717 536
◯ 917 536

c) 438 265 + 74 814

Ü : ______________________

◯ 503 079
◯ 473 079
◯ 513 079

d) 69 052 + 851 748

Ü : ______________________

◯ 970 800
◯ 920 800
◯ 950 800

2 Immer drei Karten passen zusammen. Male sie mit der gleichen Farbe an.

832 000	+ 52 000	= 366 000
645 000	+ 98 000	= 419 000
371 000	+ 83 000	= 697 000
283 000	+ 48 000	= 930 000

Ergänzen oder Entbündeln?
Subtrahiere mit deinem Weg.
Subtrahiere zuerst die Einer (E),
danach die Zehner (Z) und so weiter.

Ergänzen

	M	HT	ZT	T	H	Z	E
		6	0	8	2	1	4
–		3	5	3	0	6	8
		1			1	1	
		2	5	5	1	4	6

Entbündeln

	M	HT	ZT	T	H	Z	E
		5	10		1	10	14
		~~6~~	~~0~~	8	~~2~~	~~1~~	~~4~~
–		3	5	3	0	6	8
		2	5	5	1	4	6

1 Subtrahiere schriftlich mit deinem Weg.

a)

	M	HT	ZT	T	H	Z	E
		9	0	3	7	1	5
–		2	8	1	6	6	6

	M	HT	ZT	T	H	Z	E
		6	9	2	7	3	8
–		3	5	7	1	4	2

b)

	M	HT	ZT	T	H	Z	E
		6	0	4	5	8	3
–		1	9	7	2	6	9

	M	HT	ZT	T	H	Z	E
		7	4	2	1	0	2
–		4	2	5	8	3	7

c)

	M	HT	ZT	T	H	Z	E
	1	0	0	0	0	0	0
–		7	3	7	3	7	3

	M	HT	ZT	T	H	Z	E
		8	5	0	4	2	5
–		2	5	5	5	5	5

1 Schreibe stellengerecht untereinander und subtrahiere schriftlich.

a) 283 456 – 145 812

	M	HT	ZT	T	H	Z	E
		2	8	3	4	5	6
–							

829 880 – 338 604

	M	HT	ZT	T	H	Z	E
–							

b) 970 263 – 95 073

	M	HT	ZT	T	H	Z	E
–							

331 206 – 47 829

	M	HT	ZT	T	H	Z	E
–							

c) 630 897 – 384 962

	M	HT	ZT	T	H	Z	E
–							

846 135 – 182 628

	M	HT	ZT	T	H	Z	E
–							

d) 148 582 – 3 905

	M	HT	ZT	T	H	Z	E
–							

716 358 – 81 402

	M	HT	ZT	T	H	Z	E
–							

Als Hilfe kannst du die Stellenwerte M, HT, ZT, T, H, Z und E eintragen.

1 Schreibe stellengerecht untereinander und subtrahiere schriftlich.

a) 634781 – 89526

	M	HT	ZT	T	H	Z	E
		6	3	4	7	8	1
–							

715902 – 328477

–							

b) 973260 – 582695

–							

546039 – 78263

–							

2 Schreibe stellengerecht untereinander und subtrahiere schriftlich.

a) 809527 – 263164

–							

382619 – 57841

–							

b) 665544 – 66778

–							

527496 – 430358

–							

1 Setze die Zahlen stellengerecht in die Aufgaben ein. Subtrahiere schriftlich.

~~75 480~~ | 927 638 | 500 555

381 254 | 754 801 | 92 763

	1	0	0	0	0	0	0
–			7	5	4	8	0

	1	0	0	0	0	0	0
–							

	1	0	0	0	0	0	0
–							

	1	0	0	0	0	0	0
–							

	1	0	0	0	0	0	0
–							

	1	0	0	0	0	0	0
–							

2 Erfinde eigene Aufgaben. Schreibe stellengerecht untereinander und subtrahiere schriftlich.

–							

–							

Zum Zehntausender gerundet:

843 562 ≈ 840 000
482 139 ≈ 480 000

Ü: 840 000 – 480 000 = 360 000

		7	14			5	12
		~~8~~	~~4~~	3	5	~~6~~	~~2~~
–		4	8	2	1	3	9
		3	6	1	4	2	3

Zum Hunderttausender gerundet:

843 562 ≈ 800 000
482 139 ≈ 500 000

Ü: 800 000 – 500 000 = 300 000

		8	4	3	5	6	2
–		4	8	2	1	3	9
		1				1	
		3	6	1	4	2	3

1 Rechne einen Überschlag. Subtrahiere dann schriftlich und vergleiche dein Ergebnis mit dem Überschlag. Setze ein Häkchen (✓), wenn das Ergebnis stimmen kann.

a) Ü: ____________________

		6	1	8	0	4	5
–		3	7	0	8	2	2

Ergebnis und Überschlag passen zusammen.
Das Ergebnis kann stimmen. ◯

b) Ü: ____________________

		8	2	0	3	2	7
–		3	9	3	4	5	6

Ergebnis und Überschlag passen zusammen.
Das Ergebnis kann stimmen. ◯

c) Ü: ____________________

		5	3	8	2	4	3
–		3	7	6	8	5	0

Ergebnis und Überschlag passen zusammen.
Das Ergebnis kann stimmen. ◯

Schriftlich subtrahieren – Kontrolle mit Überschlag

1 Rechne einen Überschlag und kreuze die richtige Lösung an.

a) 824 591 – 165 293

Ü : ______________________

○ 559 298
○ 659 298
○ 759 298

b) 536 389 – 281 147

Ü : ______________________

○ 155 242
○ 355 242
○ 255 242

c) 478 265 – 24 814

Ü : ______________________

○ 453 451
○ 403 451
○ 503 451

d) 851 748 – 69 052

Ü : ______________________

○ 782 696
○ 802 696
○ 762 696

e) 619 372 – 154 248

Ü : ______________________

○ 405 124
○ 505 124
○ 465 124

Lies die Aufgabe und die Frage (F) genau. Markiere wichtige Angaben.
Finde dann einen Lösungsweg (L) und schreibe eine Antwort (A) auf.

Frage (F)
Lösungsweg (L)
Antwort (A)

1 Am Wochenende gehen viele Menschen ins Fußballstadion.

a) Im Fußballstadion des FC Bayern München gibt es genau 13342 Stehplätze und genau 61 682 Sitzplätze.

F: Wie viele Plätze gibt es insgesamt im Stadion in München?

L:

A: ______________________________

b) Das Stadion von Borussia Dortmund hat genau 81 365 Plätze.

F: Wie viele Plätze hat das Stadion von Dortmund mehr als das Stadion von München?

L:

A: ______________________________

c) In Deutschland gibt es immer mehr Elektroautos. Im April des Jahres 2020 fuhren nur 136617 Elektroautos auf den Straßen. Zwei Jahre später waren es schon 618460 Elektroautos.

F: Wie viele Elektroautos kamen in den zwei Jahren hinzu?

L:

A: ______________________________

Lies die Aufgabe genau und finde eine Frage (F). Markiere wichtige Angaben.
Finde dann einen Lösungsweg (L) und schreibe eine Antwort (A) auf.

1 In Deutschland gibt es viele große Zoos, in denen die Menschen interessante Tiere beobachten und sich schöne Pflanzen anschauen können.

a) In den Zoo Wilhelma in Stuttgart kamen im August insgesamt 632 753 Leute. Im August zuvor waren es nur 556 882 Leute.

F: ______________________________

L:

A: ______________________________

b) In den Zoo in Köln kamen im August 439 165 Leute, im Zoo in Hannover waren im selben Monat 291 874 Leute. Im größten Zoo Deutschlands in Berlin waren im August 926 507 Leute.

F: ______________________________

L:

A: ______________________________

c) Im Zoo Wilhelma gibt es eine Zoo-Schule, in der man viel über die Tiere und Pflanzen lernen kann. Im letzten Jahr haben 713 Schulklassen mit insgesamt 14 536 Schulkindern an den Angeboten der Zoo-Schule teilgenommen. Die 14 Betreuenden können pro Jahr höchstens 15 500 Schulkinder in der Zoo-Schule unterrichten.

F: ______________________________

L:

A: ______________________________

1 Ergänze die fehlenden Zahlen. Achte auf die Überträge.

a)

		3		8	0	4	6
+		5	1	4	7		2
			7	2	7	6	8

		7	2	5	9	3	
+			9	4		5	1
		9	2	0	2	8	5

b)

			0	3	9	7	
+		3	8		5	1	7
		9		8	4	9	2

		4	8	5	3		3
+			9		6	1	8
		6		7	9	9	1

c)

		5		9	8	9	
+		2	7	5		0	1
			0	4	9		5

		7			8	1	0
+		1	9	5	4		5
			8	3		7	

2 Ergänze die fehlenden Zahlen. Achte auf die Überträge.

a)

		8	5	3	7	6	
–		6		8	4	5	2
		2	2	5		1	7

		6		1	9	4	0
–		2	5	8	1		6
			6	3	8	3	4

b)

			1	7	6	9	4
–			5	8		5	5
		4	5	9	4	3	

		9	0		4	3	8
–			8	1	2	7	
		3	2	5	1		1

1 Rechne schriftlich. Verwende das Ergebnis für die nächste Aufgabe.
Achte auf die Rechenzeichen + und –.

		1	2	3	4	5	6
+		3	8	0	5	3	2
		5	0	3	9	8	8

		5	0	3	9	8	8
+		4	9	6	0	1	2

–			9	3	5	1	8

–		7	2	9	0	5	4

+		4	8	2	5	9	1

+		3	3	7	6	8	5

–		5	3	6	8	5	3

–		2	9	8	6	3	7

+		7	4	7	8	8	4

+			8	9	9	0	2

1 Rechne schriftlich. Achte auf die Rechenzeichen + und –.

		1	6	3	8	2	5
+		4	7	1	0	3	6

(chn)

		3	1	6	9	3	4
+		3	5	8	2	4	9

(e)

		9	5	0	4	5	6
–		2	5	1	7	5	2

(t)

		9	5	4	7	2	8
–		3	1	5	4	7	8

(s)

		5	8	2	3	1	7
+			8	2	6	8	2

(r)

		4	2	8	7	1	5
+		2	6	4	8	4	1

(el)

		8	6	6	2	9	8
–		1	9	4	3	6	3

(ab)

		9	8	5	8	1	2
–		3	3	7	5	3	4

(i)

2 Schreibe die Ergebniszahlen und die Lösungsbuchstaben aus Aufgabe 1 zu der passenden gerundeten Zahl. Schreibe das Lösungswort auf.

☐	≈ 640 000	◯	☐	≈ 700 000	◯
☐	≈ 630 000	◯	☐	≈ 650 000	◯
☐	≈ 670 000	◯	☐	≈ 680 000	◯
☐	≈ 690 000	◯	☐	≈ 660 000	◯

Lösungswort: ____________________